La digitalisation et le Big Data
Quels impacts sur la performance de l'administration fiscale en République de Guinée

Aboubacar Makissa CAMARA

La digitalisation et le Big Data

Quels impacts sur la performance de l'administration fiscale en République de Guinée

Préface de Lamine Mognouma CISSÉ

L'Harmattan
Guinée

5-7, rue de l’École-Polytechnique, 75005 Paris
http://www.editions-harmattan.fr
ISBN : 978-2-336-48787-8
EAN : 9782336487878

REMERCIEMENTS

Tout d'abord, nous tenons à exprimer nos sincères remerciements à l'ensemble des responsables pédagogiques ainsi qu'au corps professoral de l'ESLSCA Business School de Paris, qui, de près ou de loin, ont contribué à la réalisation de ce travail et au bon déroulement du programme de MBA2 Finance & Data Performance.

En particulier, nous adressons nos remerciements à Monsieur William Patin, chef de projet modernisation IT chez Umanis pour Groupama, qui a accepté de superviser cette étude. Qu'il trouve ici l'expression de notre profonde gratitude.

Par ailleurs, bien que nous ne puissions les citer individuellement, nous souhaitons également remercier tous ceux qui nous ont apporté leur soutien, tant moral que matériel. Qu'ils reçoivent ici l'assurance de notre sincère reconnaissance.

Enfin, nos remerciements vont également aux autorités de la République de Guinée, en particulier à celles du ministère de l'Économie, des Finances et du Budget, et plus spécifiquement à la Direction générale des Impôts, pour leur disponibilité et leur précieuse contribution à la réussite de ce projet.

À tous, nous exprimons notre profonde gratitude.

DÉDICACE

À toute la nation guinéenne, à mes parents et à toute ma famille, pour tant d'amour et de sacrifices.

À mes collaborateurs du ministère de l'Économie, des Finances et du Budget, que mes lacunes deviennent vos forces pour parachever cette œuvre...

LISTE DES ACRONYMES

APIP	Agence de la Promotion des Investissements Privés
ATAF	Forum sur l'Administration Fiscale Africaine
BCRG	Banque Centrale de la République de Guinée
CIGE	Centre des Impôts des Grandes Entreprises
CIME	Centre des Impôts des Moyennes Entreprises
DGI	Direction Générale des Impôts
DNI	Direction Nationale des Impôts (Maroc)
EDG	Electricité De Guinée
GNF	Franc guinéen
INS	Institut National des Statistiques de la République de Guinée
NIFp	Numéro d'Identification Fiscale permanent
OCDE	Organisation de Coopération et de Développement Économiques
PIB	Produit Intérieur Brut
SaFiG	Système informatisé de l'Administration Fiscale Guinéenne

SGE	Service des Grandes Entreprises de la DGI
SME	Service des Moyennes Entreprises de la DGI
TIC	Technologies de l'Information et de la Communication
TVA	Taxe sur la Valeur Ajoutée
UA	Union Africaine
AFRITAC	de l'Ouest Centre d'assistance technique du FMI pour l'Afrique de l'Ouest
AMR	Avis de mise en recouvrement
ATD	Avis à tiers détenteur
AV	Attestation de valeur
BAD	Banque Africaine de développement
BIC	Bénéfices industriels et commerciaux
CA	Chiffre d'affaires
CFE	Contrôle fiscal externe
CNUCED	Conférence des Nations Unies pour le commerce et le développement
DGD	Direction Générale des douanes
DIS	Direction de l'informatique et des statistiques
DLRRI	Direction de la législation, de la réglementation et des relations internationale
DNB	Direction nationale du budget
DRAROC	Division renseignement, analyse du risque et orientation des contrôles
DRED	Direction du renseignement et des enquêtes douanières

FAD	Département des finances publiques (FMI)
FMI	Fonds monétaire international
PARFIP	Programme d'appui à la réforme des finances publiques
PED	Pays en développement
PVI	Programme de vérification des importations
RAR	Restes à recouvrer
SCD	Service de contrôle différé
TEC	Tarif extérieur commun
TO	Taxation d'office

SOMMAIRE

PRÉFACE

La singularité d'un grand commis de l'État

C'est par un heureux hasard que ce qui allait devenir une amitié fusionnelle entre M. Aboubacar Makissa Camara et moi-même est née grâce à l'ancien Premier ministre Dr Ibrahima Kassory Fofana. Cette personnalité affable me recevait avec honneur à sa résidence de Lambanyi, un quartier huppé de la banlieue de Conakry, pour discuter de divers sujets. C'est lui, alors ministre d'État à la présidence chargé du partenariat public-privé, qui avait souhaité que je contribue à la stratégie de communication sur les réformes ambitieuses d'Aboubacar Makissa Camara.

Le go était ainsi donné pour ce qui allait devenir l'une de mes plus belles rencontres. Au fil du temps, à travers nos échanges, j'ai découvert un personnage d'exception sous tous les aspects : un individu chaleureux, généreux, toujours souriant, et aussi empathique que sympathique.

Sur le plan professionnel, je n'avais aucun doute quant aux capacités de ce travailleur acharné à transformer qualitativement l'administration fiscale, véritable pourvoyeur de recettes de l'État guinéen. Il était inconcevable de confier cette tâche à un cadre sans le pedigree nécessaire, tant les défis pour remettre ce secteur névralgique d'aplomb étaient herculéens.

Aboubacar Makissa Camara a pleinement mérité la confiance placée en lui. Il s'est consacré à la culture du dépassement qu'il a cultivée, doublée d'un sens de la perfection et d'une gestion participative. Les fruits de son travail surpasseront les attentes, avec des performances qui resteront gravées dans les annales de la Direction Générale des Impôts (DGI).

Ces réalisations pourraient être effacées ou déformées par la caricature, une pratique regrettablement courante dans l'administration guinéenne, qui a tendance à célébrer les réussites en dénigrant les prédécesseurs. À ses côtés, dans sa gestion quotidienne, j'ai pu apprécier ses qualités essentielles pour un administrateur déterminé à redorer le blason de l'administration fiscale, qui avait malheureusement la mauvaise réputation d'enrichir ses agents au détriment des caisses de l'État.

Plongé dans les décombres du système fiscal, Makissa avait besoin de temps pour reconstruire et revitaliser cette régie financière, clé de voûte de notre économie. Il était convaincu qu'il fallait accepter de souffrir pour construire quelque chose de durable, résistant au temps et aux tentations.

Cela nécessitait impérativement la dématérialisation des procédures. Les déclarations et paiements devaient être effectués directement par les contribuables, sans intervention des agents des impôts. La révolution fiscale était ainsi lancée. Les recettes ont été sécurisées et considérablement améliorées, sans élargir l'assiette fiscale.

Cet exploit a marqué une véritable révolution, enregistrée dans la mémoire collective, et a amorcé une transition vers une administration fiscale entièrement dématérialisée et efficace. Rendre universelle cette expérience réussie, afin qu'elle profite à ceux conscients de son impact sur la mobilisation et la sécurisation des recettes fiscales, est un service précieux pour nos États qui souffrent de la fuite des recettes fiscales. C'est tout le sens de la publication de ce livre de près de deux cents pages, intitulé « La digitalisation et le big data : quel impact sur la performance de l'administration fiscale en République de Guinée », qui détaille cette transformation qualitative de l'administration fiscale guinéenne. Ce livre est un véritable chef-d'œuvre qui pourrait inspirer de nombreux dirigeants et témoigne d'un modèle de gestion exemplaire.

Une fierté légitime pour son auteur, qui immortalise ainsi son immense et exaltante expérience en tant que dirigeant de la DGI.

Lamine Mognouma CISSÉ

Introduction

Chercheurs et bailleurs de fonds s'accordent généralement pour affirmer que les pays d'Afrique subsaharienne disposent de la possibilité d'augmenter la proportion de leur produit intérieur brut (PIB) issue de leurs recettes fiscales. Cette opportunité semble intéressante pour la République de Guinée où la pression fiscale, c'est-à-dire « le montant total des recettes fiscales recouvrées, exprimé en pourcentage du PIB »[1], est particulièrement faible.

En effet, d'après le *Rapport d'évaluation des dépenses fiscales* du Ministère du Budget daté de 2019, le taux de pression fiscale du pays s'avère être l'un des plus bas du continent. En 2018, il était de 12,1 %, contre 11,6 % en 2021[2], soit une diminution de l'ordre de 0,5 point de pourcentage. Plus encore, ce rapport met en exergue que plus de 79 % des recettes fiscales proviennent des taxes indirectes et, plus précisément, essentiellement de la TVA. La faible contribution des taxes directes aux recettes fiscales du pays est à associer à de multiples difficultés liées à leur recouvrement, sur lesquelles cette étude reviendra.

---

1 D'après la définition fournie par l'OCDE : https://data.oecd.org/fr/tax/recettes-fiscales.htm#:~:text=La%20pression%20fiscale%20correspond%20au,et%20en%20pourcentage%20du%20PIB.

2 https://www.tresor.economie.gouv.fr/Pays/GN/situation-economique-et-financiere.

Afin de contribuer à pallier cette problématique et à augmenter les recettes fiscales de l'État, l'administration fiscale a connu un processus de digitalisation. Ce projet a germé en 2016, tandis qu'il a été préparé en 2018 et qu'il a été mis en opération à partir de 2020. Il s'agit donc d'un phénomène très récent, pour lequel nous disposons de relativement peu de recul et de peu de recherches.

À ce titre, cet ouvrage vise à dresser une première évaluation de la digitalisation de l'administration fiscale de la Guinée, quelques années après le début de son déploiement. Plus précisément, l'enjeu sera de déterminer les impacts, les enjeux, mais aussi les défis de cette digitalisation et du *big data* sur la performance de l'administration fiscale.

Au sein de cette partie introductive, nous commencerons par définir les concepts clés de cette thématique, avant de formuler les enjeux, la problématique et la structure de cet ouvrage.

- **Définition des concepts clés de la thématique de l'ouvrage**

La digitalisation

Le développement de la technologie et, plus précisément, des technologies de l'information et de la communication (TIC) a connu un grand essor depuis la fin du XXe siècle et ces dernières se sont largement démocratisées. Ainsi, de nouveaux phénomènes et de nouvelles pratiques se sont développés au sein des entreprises, mais aussi au sein du secteur public.

La digitalisation ne doit pas être confondue avec la numérisation. En effet, d'après Patrick Varenne (2020), cette dernière « consiste à archiver et à stocker des documents dans un format numérique, puis à réutiliser ces documents au sein d'une gestion électronique de document ou encore de programmes de gestion intégrée ».

A contrario, la digitalisation, aussi appelée « transformation digitale », implique une transformation du mode de fonctionnement de l'organisation. Pour s'en convaincre, il suffit de s'attarder sur quelques définitions qui en ont été proposées. D'après Océane Mignot (2019), ce phénomène est irréductible au seul impact du digital et d'internet sur les organisations. La chercheuse définit la digitalisation plutôt comme « l'intégration de la technologie digitale dans tous les secteurs d'une entreprise pour changer la façon dont celle-ci fonctionne et offre de la valeur à ses clients ». De même, Varenne (2020) souligne que la digitalisation « permet de transformer [le] modèle d'affaires ».

En formulant ces définitions, les auteurs se sont essentiellement concentrés sur les entreprises. Néanmoins, les administrations publiques ne sont pas en reste. La Commission économique pour l'Afrique des Nations Unies (2014) a répertorié plusieurs définitions de la notion d'administration électronique. Ainsi, d'après l'Organisation de Coopération et de Développement économiques (OCDE), cette notion renvoie à :

« l'utilisation des technologies de l'information et de la communication (TIC) par les gouvernements, les TIC étant appliquées à l'ensemble des fonctions de l'administration. En particulier, les perspectives offertes par internet et les technologies apparentées en matière de constitution de réseaux peuvent contribuer à transformer les structures et le fonctionnement même de l'administration. »

On retrouve donc dans cette définition la notion de transformation, de changement en profondeur. En complément, la Commission européenne stipule que l'usage des TIC vise « à fournir des services publics de meilleure qualité aux citoyens et aux entreprises » (Commission économique pour l'Afrique des Nations Unies, 2014).

Par ailleurs, une distinction peut être faite entre la digitalisation incrémentale et la digitalisation transformationnelle. La première forme de digitalisation tend à renvoyer aux premières étapes du processus de digitalisation. Dans ce cas de figure, les prestations ne sont pas complètement dématérialisées (par exemple, les usagers peuvent préremplir des formulaires en ligne avant de se déplacer dans l'institution) ou alors, elles consistent en une stricte transposition des démarches réalisées physiquement de façon numérique. À ce titre, comme le soulignent Sébastien Dony et Christophe Maurel (2022), « les modes de fonctionnement existants ne sont pas remis en cause ». Cette forme de digitalisation permet néanmoins d'automatiser certaines démarches. De plus, elle présente l'avantage, d'une part, d'être relativement peu coûteuse par rapport aux ressources nécessaires à sa mise en place et, d'autre part, de permettre la réalisation d'économies de façon très rapide. En revanche, à long terme, ce mode de digitalisation ne permettrait de réaliser que des gains modérés (Dony et Maurel, 2022).

A contrario, la digitalisation transformationnelle implique de remettre à plat et de revoir complètement le fonctionnement de l'organisation et des services qu'elle propose (Halachmi, 1996). Cette forme de digitalisation est certes plus coûteuse lors de sa mise en place. Cependant, sur le long terme, elle serait en mesure d'aboutir à des diminutions de coûts et à des gains de productivité bien plus importants que la digitalisation incrémentale. Dans la suite de cet ouvrage, nous verrons que la digitalisation de l'administration fiscale en République de Guinée peut davantage être considérée comment une digitalisation transformationnelle.

Le big data

La notion de *big data*, parfois traduite en français par les expressions « données massives » ou « méga-données », a vu le jour dans le monde informatique grâce à Roger Magoulas en 2005. Elle renvoie à « un ensemble de données si volumineuses ou complexes que la technologie et les systèmes d'information traditionnels ne sont pas adaptés pour leur traitement et analyse » (Kinda, 2019).

Qui plus est, elle est couramment définie par rapport à trois caractéristiques dites des trois « V » : volume, vélocité et variété. En effet, le *big data* fait référence à un ensemble de données en très grand nombre, hétérogènes (elles peuvent correspondre à des valeurs chiffrées, à des textes, à des photos, à des vidéos, etc.) et qui peuvent avoir été collectées grâce à différents biais (capteurs connectés à internet, vidéos de caméras de surveillance, messages sur les réseaux sociaux…) (Bastin et Tubaro, 2018).

Ces données sont stockées et exploitées par des outils dont les capacités excèdent largement celles des outils informatiques classiques. À ce titre, selon certains chercheurs, la notion de *big data* ne recouvre pas uniquement l'ensemble de données en lui-même, mais aussi les algorithmes qui sont capables de les traiter (Bastin et Tubaro, 2018). En effet, le *big data* offre la possibilité d'analyser un très grand volume de données afin d'obtenir une vision plus fine et, en un sens, plus exhaustive de la réalité. Comme nous le verrons dans la suite de cet ouvrage, cette technologie permet à ce titre de faciliter et d'optimiser les prises de décisions d'orientation, de règlementation ou, tout simplement, d'action immédiate (Kinda 2019). Au cours de la première partie de cet ouvrage, nous nous concentrerons spécifiquement sur les opportunités offertes par le *big data* par rapport au domaine fiscal.

La performance

Pris dans son sens le plus générique, le terme « performance » est synonyme de résultat obtenu dans un domaine précis, voire d'exploit. De plus, par rapport aux administrations publiques, la performance peut être entendue comme « le rapport existant entre les ressources consommées par [une] activité (son "coût") et l'importance des besoins sociaux qu'elle permet de satisfaire (sa "valeur") » (Lorino, 1999).

Or, d'après Dony et Maurel (2022), la digitalisation est susceptible d'accroître la performance des administrations publiques dans deux dimensions : l'efficience et l'efficacité. Les chercheurs distinguent ces termes qui peuvent, *a priori*, sembler très proches. En premier lieu, l'efficience fait référence aux processus productifs : il est question de faire évoluer la façon dont les activités sont effectuées afin de réaliser le meilleur usage possible des ressources disponibles. Quant à la notion d'efficacité, elle a à voir avec les finalités de ces activités. Il s'agit de déterminer à quel point ces dernières répondent aux objectifs fixés, aux attentes formulées.

- **Enjeux de cet ouvrage**

À la lumière des définitions qui viennent d'être proposées, cet ouvrage a donc plusieurs enjeux. Il s'agit de déterminer dans quelle mesure :

- d'une part, la transformation digitale et le recours au *big data* ont permis la transformation de la manière dont l'administration fiscale de la République de Guinée réalise ses activités (efficience),

- et, d'autre part, la manière dont ces transformations ont impacté les recettes fiscales perçues par l'État (efficacité). Autrement dit, il s'agit de définir si le montant des recettes fiscales a effectivement augmenté en tenant compte d'autres facteurs extérieurs pouvant avoir eu un impact sur ces résultats.

Plus encore, comme nous l'avons souligné, la digitalisation et le recours au *big data* impliquent une transformation en profondeur et des moyens, humains et matériels, particuliers. À ce titre, il conviendra de s'interroger sur les limites et sur les défis à relever afin d'accroître au maximum les performances de l'administration fiscale grâce à la digitalisation de ses services. Nous tenterons ainsi de formuler certaines recommandations dans ce but.

- **Formulation de la problématique**

Ainsi, la problématique de notre ouvrage est la suivante : **en République de Guinée, dans quelle mesure le processus de digitalisation et le recours au *big data* améliorent-ils l'efficience et l'efficacité de l'administration fiscale en vue d'augmenter la pression fiscale de ce pays et la satisfaction des contribuables ?**

- **Structure de l'ouvrage**

Afin de répondre à cette problématique, cet ouvrage sera divisé en deux parties, elles-mêmes subdivisées en deux chapitres.

L'objectif de la première partie est de proposer une approche théorique. Dans un premier chapitre, l'objectif sera de présenter les outils digitaux qui ont été mis en place pour l'administration fiscale en République de Guinée. Ces derniers se déclinent en deux volets : d'une part, eTax, le portail de télédéclaration et de télépaiement des impôts accessible à tous sur internet et, d'autre part, le logiciel de gestion interne nommé SAFiG (Système de l'Administration fiscale guinéenne). Puis, dans le deuxième chapitre, en nous appuyant sur des articles et sur des études rédigés par des chercheurs, il s'agira d'étudier les opportunités, mais aussi les défis liés à la digitalisation de l'administration fiscale et au recours au *big data*. Nous mobiliserons pour cela des sources qui portent sur la République de Guinée, ainsi que sur d'autres pays, et des ressources d'ordre plus générique.

Ainsi, la première partie de cette étude permettra de fournir le contexte qui donnera sens à la deuxième. Cette dernière sera basée sur une approche empirique et elle visera à déterminer les impacts véritables de la digitalisation de l'administration fiscale vis-à-vis de son efficience et de son efficacité. Pour cela, le premier chapitre se concentrera sur l'analyse de données statistiques fournies par la Direction générale des Impôts (DGI), tandis que le deuxième chapitre portera sur l'analyse des questionnaires qui ont été diffusés par nos soins auprès d'entreprises utilisatrices d'eTax, ainsi qu'auprès de membres du personnel de la DGI et auprès d'un échantillon de contribuables.

PARTIE I

APPROCHE THÉORIQUE DE LA DIGITALISATION DE L'ADMINISTRATION FISCALE ET DU RECOURS AU BIG DATA

La première partie de cet ouvrage propose une approche théorique de notre thématique. Il s'agit, pour ainsi dire, d'apporter les éléments conceptuels qui permettront de mieux comprendre et d'approfondir les questionnements liés à la digitalisation de l'administration fiscale et du recours au *big data* dans le contexte spécifique de la République de Guinée. Cette partie permettra aussi de donner sens à la partie empirique qui suit et qui permettra d'apporter une première réponse à la problématique quelques années après le déploiement des outils numériques eTax et SAFiG.

Le premier chapitre vise à présenter ces outils en montrant en quoi, théoriquement, leur mise en opération a constitué une véritable rupture avec la façon d'organiser les activités au préalable. Pour ce chapitre, nous mobiliserons essentiellement des données transmises par la DGI. Le deuxième chapitre, qui s'appuie sur une revue de littérature, visera à identifier les opportunités, mais aussi les défis, voire les limites liées à la digitalisation des services de l'administration fiscale et au recours au *big data*.

CHAPITRE I

DU PAPIER AU NUMÉRIQUE : LA DIGITALISATION COMME RUPTURE AU SEIN DES PRATIQUES DE L'ADMINISTRATION FISCALE

Ce chapitre liminaire a un double enjeu. D'une part, il s'agira de présenter la manière dont l'administration fiscale fonctionnait avant la mise en œuvre du projet de digitalisation, afin de mieux comprendre les tenants et les aboutissants de cette dernière. D'autre part, nous décrirons successivement les deux outils numériques qui ont été mis à disposition des contribuables et du personnel de la DGI, à savoir eTax et SAFiG. Nous nous attarderons enfin sur certains enjeux spécifiques.

I. Avant le digital, la gestion manuelle de l'impôt

La digitalisation des administrations, des entreprises et des organisations suit des rythmes différents d'un territoire à l'autre. En Afrique, 2007 peut être considérée comme une année charnière à cet égard, puisque le premier service de paiement mobile d'Afrique a été lancé (CUA/OCDE, 2021). Depuis, la digitalisation du continent, largement encouragée par les institutions internationales, est bel et bien en cours. En République de Guinée, le projet de digitalisation de l'administration fiscale[3] remonte à 2016 et il s'est matérialisé quatre ans plus tard, en 2020.

Avant cette date, la gestion manuelle de l'impôt était la norme, à l'exception de la capitale. Afin de décrire ce fonctionnement, nous nous appuierons sur la thèse de doctorat en droit fiscal intitulée *Contribution à l'amélioration de la performance en matière d'imposition sur le revenu de la République de Guinée* (2015), qui a été écrite avant le processus de digitalisation par Ouo-Ouo Waïta Monemou, ancien directeur général des impôts. À ce titre, cette source a le mérite d'avoir été rédigée par un chercheur qui connaît la DGI de l'intérieur et qui a pu identifier les problèmes engendrés par la gestion manuelle de l'impôt.

A. La gestion manuelle de l'impôt liée à des manques matériels

Il ressort de l'étude de Monemou que, en 2015, toutes les structures de gestion de la DGI avaient une gestion manuelle des impôts et des taxes. Tous les documents et toutes les procédures fiscales (avis d'imposition, répertoire des contribuables…), qu'elles concernent l'assiette fiscale, la liquidation ou le recouvrement, étaient réalisés à la main. L'auteur note cependant que la capitale, Conakry, faisait figure d'exception. En revanche, cette situation concernait tout particulièrement les services déconcentrés, à savoir, les inspections régionales des finances.

Une application aurait bien existé ; toutefois, elle n'aurait permis que d'enregistrer les données. Autrement dit, elle n'aidait pas le personnel dans la gestion de leur

[3] Notons que l'administration des Douanes fait également l'objet d'un processus de digitalisation.

travail. Au moment de la rédaction de cette étude, son auteur stipulait que « le compte contribuable, le suivi des dégrèvements, le suivi des échéanciers de paiement, le suivi des remboursements de crédits T.V.A, la constitution du fichier des assujettis par impôt » étaient soit « indisponibles », soit « inutilisés ».

La gestion manuelle de l'impôt semblait être fortement corrélée à un manque de moyens matériels mis à disposition de la DGI. De façon significative, sur un effectif total d'environ 1 800 travailleurs, le nombre d'outils informatiques n'aurait pas dépassé les 250. Autrement dit, il y aurait eu à peu près un outil informatique pour quatre personnes. Ainsi, même si les logiciels adéquats avaient été mis en place, il aurait été extrêmement ardu pour le personnel de les utiliser.

Par ailleurs, un autre frein identifié porte sur l'accès à internet. En 2015, internet était peu utilisé au sein de l'administration fiscale. Hormis au siège de la DGI, qui se situe dans la capitale, le personnel, agents comme cadres, n'avait pas accès à une connexion internet. Au siège même, seuls les chefs de service et de division y auraient eu un accès garanti.

Enfin, on peut noter que certains services des impôts ne disposaient pas même d'électricité. Dans ces conditions, le travail manuel se révèle être la seule solution.

En définitive, en 2015, la gestion manuelle de l'impôt était prévalente en République de Guinée, et ce en partie en raison d'un manque de moyens matériels. Cela avait de forts impacts négatifs sur les capacités de communication.

B. Un défaut de communication

Le manque de moyens et la gestion manuelle de l'impôt avaient de lourdes conséquences en termes de communication interne, mais aussi externe.

En guise de remarque préalable, on peut tout d'abord souligner que, en 2015, le service chargé de la communication était constitué d'une équipe de deux agents. Ainsi, au-delà d'un défaut de ressources matérielles, un défaut de ressources humaines était notable.

En termes de communication interne, le réseau informatique interne, l'intranet, qui était censé permettre à des personnes d'une même direction ou d'un même service de communiquer entre elles, n'était pas accessible dans toutes les administrations. Ainsi, la communication aurait été particulièrement ardue.

En l'absence d'internet, le téléphone portable aurait constitué le principal mode de communication à distance, puisqu'il était jugé fiable, rapide et facile d'utilisation. Son importance semble avoir été telle que Monemou affirme que, sans ce moyen de communication, « la DGI serait incapable de produire à temps toutes les informations fiscales dont auraient besoin les autorités ou toutes autres personnes habilitées ». Cependant, le téléphone portable ne permet pas d'échanger des documents comme il est possible de le faire par courriel, par exemple. En règle générale d'ailleurs, lorsque toutes les démarches sont réalisées manuellement, il est extrêmement difficile de communiquer tous les documents de façon rapide et efficace. Cela nécessite, lorsque cette façon de procéder est possible, la numérisation, puis l'envoi du dossier.

Enfin, avec la gestion manuelle de l'impôt, un autre problème de communication se posait. Les formulaires s'avéraient souvent trop complexes à remplir pour les contribuables, qui pouvaient de surcroît avoir des difficultés à contacter un agent des impôts pour obtenir de l'aide. À cet égard, il convient de rappeler que, au moment de la rédaction de cette étude, le taux d'alphabétisation parmi les individus âgés de plus de 15 ans était d'un peu plus de 30 % ; il a depuis augmenté de moitié, passant à 45 %[4].

Cette dernière remarque invite à envisager les répercussions négatives que la gestion manuelle de l'impôt avait sur le recouvrement des recettes fiscales en soi.

C. Des répercussions inévitables sur le recouvrement des recettes fiscales

Au-delà de l'aspect fastidieux de la gestion manuelle de l'impôt et des difficultés que le manque de moyens matériels peut causer parmi le personnel, ces conditions de travail ont également un impact négatif direct sur la capacité du personnel à procéder au recouvrement des taxes et des impôts dus, et à déceler les fraudes le cas échéant. En effet, d'après Mick Moore et Wilson Prichard (2017), « l'efficacité de la collecte et du partage de données se trouvent au cœur de l'efficacité de la collecte de la recette fiscale. »

Le premier problème lié à la gestion manuelle de l'impôt se pose en termes de délais. La gestion manuelle induisant des pertes de temps (obligation de noter certaines informations à plusieurs reprises, impossibilité de faire des copier-coller, d'accéder en un clic à plusieurs dossiers nécessaires…), elle entraîne fréquemment de gros retards dans la distribution des documents et notamment des avis d'imposition.

Plus encore, les inspections régionales ne disposaient pas des outils informatiques nécessaires afin de travailler en temps réel sur les dossiers des contribuables. Le manque de communication rapide constitue donc un véritable enjeu.

Par ailleurs, un problème se posait également en termes de communication entre services. En effet, il était fréquent que les données collectées par les douanes, par exemple, ne soient pas partagées avec l'administration fiscale. Il en

---

[4] https://donnees.banquemondiale.org/pays/guinee.

résulte que ces données ne pouvaient pas non plus être recoupées et comparées par les administrations (Moore et Pricard 2017). Ainsi, la gestion manuelle de l'impôt rend beaucoup plus ardu le fait de déceler et de sanctionner une fraude. Lorsque le personnel n'est pas en possession de tous les éléments au sujet d'un contribuable et/ou que ces derniers sont dispersés dans plusieurs documents sans qu'un traitement informatique ne permette de les mettre facilement en relation, l'identification des fraudes est beaucoup plus chronophage et difficile à accomplir.

Enfin, une autre difficulté concerne les contrôles. Lorsqu'ils ne disposent pas de moyens de communication tels qu'internet afin de faire pression sur les contribuables débiteurs, les agents chargés des recouvrements peuvent être amenés à se déplacer afin de rencontrer le contribuable en personne. Or, en 2015, les véhicules de fonction manquaient afin de réaliser ce type d'activité. Dès lors, malgré la bonne volonté des contrôleurs, il leur était très difficile de réaliser complètement leur travail. En conséquence, la gestion manuelle de l'impôt, couplée à un manque de moyens de communication, nuit grandement au recouvrement des recettes fiscales dont l'État pourrait bénéficier, ne serait-ce parce qu'il est plus difficile de repérer les fraudes.

À la lumière de l'ensemble de ces informations, la digitalisation de l'administration fiscale était souhaitable à bien des égards afin d'améliorer le traitement des données et la communication interne et externe. Tel qu'il a été précédemment mentionné, cette décision fut prise en 2016 par le Gouvernement à travers le Ministère du Budget précisément de la Direction générale des Impôts (DGI).

Par la suite, le fournisseur de logiciels français Ika Conseil, spécialisé dans les solutions informatiques à destination des administrations publiques et des acteurs des services financiers, a été sollicité. Auparavant, cet acteur avait accompagné la transformation digitale de l'administration publique de plusieurs pays d'Afrique, dont la Côte d'Ivoire et le Burkina Faso. Le projet créé a été implémenté en 2019 et sa mise en opération s'est déroulée à partir de l'année 2020.

Dans la suite de ce chapitre, nous présenterons successivement les deux outils mis au point dans le cadre de la digitalisation des activités de l'administration fiscale : e-Tax et SAFiG. Pour cela, nous nous appuierons sur des documents fournis par la DGI.

II. Les outils numériques du projet e-Tax Guinée

Tel qu'il vient d'être expliqué, avant le projet de digitalisation des services des impôts, pour les contribuables comme pour le personnel, toutes les démarches se faisaient de façon manuelle. Les deux outils présentés ici constituent des solutions pour remédier à cette situation. Après les avoir successivement présentés, nous nous pencherons sur quelques enjeux spécifiques liés à leur déploiement.

A. Un portail en ligne accessible à tous : e-Tax[5]

1. Présentation générale du portail fiscal guinéen

Le portail eTax est un outil digital qui permet aux contribuables d'effectuer toutes leurs déclarations fiscales en ligne. Cet outil repose sur quatre piliers, que nous allons maintenant détailler.

Tout d'abord, cet outil permet la dématérialisation totale du processus de déclaration et de paiement des impôts. Tous les contribuables ont désormais la possibilité de télédéclarer,

---

[5] https://etax.gov.gn/.

de télépayer, de demander une attestation et d'échanger avec un agent de l'administration fiscale, le tout en ligne.

Ce système a aussi pour avantage de faciliter les procédures pour les contribuables, en les rendant plus simples et plus rapides. En effet, certaines données (notamment liées à l'identité du contribuable) n'ont pas à être saisies puisqu'elles sont remplies automatiquement par le système qui les conserve en mémoire. De même, lors de la saisie, toutes les données qui peuvent être directement déduites par le système (taux, montants calculés et totaux) sont automatiquement renseignées par ce dernier.

Enfin, la cohérence des données saisies par le contribuable est automatiquement vérifiée, de sorte que la possibilité qu'il y ait des erreurs est amoindrie.

Comme il vient d'être brièvement suggéré, cet outil présente l'atout de vérifier et de contrôler de façon automatique les calculs d'impôts et la cohérence des déclarations. Plus encore, il vérifie et propose des alertes par rapport au respect des échéances.

Enfin, cet outil génère une base de données pour la DGI. Grâce à son recours, les agents de l'administration fiscale peuvent mieux connaître la situation de chaque contribuable. De plus, à partir de cette base de données qui comporte l'historique des activités de chaque contribuable, des analyses comportementales sont réalisées par le système et, à partir de cela, ce dernier attribue une note à chaque contribuable. Cette note vise à rendre plus efficaces les opérations de contrôle, tant dans leur programmation que dans leur exécution, en ciblant les activités et les contribuables les plus pertinents[6].

[6] Nous reviendrons sur cette thématique dans le chapitre suivant.

2. Les huit services en ligne proposés aux contribuables

Le portail eTax donne accès à huit services en ligne, accessibles à tous les contribuables : eDéclaration, ePayment, mPayment, eQuittance, eAuthenticité, eCrédit TVA, eAttestations et eEchanges.

Le service eDeclaration permet non seulement de télédéclarer tous les formulaires d'impôts, mais aussi de transmettre les états annexés et de consulter l'historique des télédéclarations. De même, le service ePayment permet de réaliser un télépaiement et de consulter l'historique des télépaiements effectués. Dans l'ensemble, grâce à « l'espace documents », les contribuables ont accès à tous les documents qui ont été générés via eTax. Ils peuvent aussi générer automatiquement des quittances en ligne.

Enfin, lorsqu'un contribuable est un professionnel, il lui est possible d'administrer son compte d'entreprise et notamment de gérer le nombre de signatures nécessaires à la réalisation d'un télépaiement, en fonction du montant de ce dernier. On peut noter que, si un contribuable a plusieurs sociétés, il reçoit plusieurs numéros d'identification eTax qui, couplés à sa même adresse email et à un mot de passe, lui permettent de se connecter à l'espace en ligne de chacune de ses sociétés de façon distincte.

3. La modernisation du service de paiement

Tel qu'il vient d'être suggéré, la transformation digitale des services fiscaux passe notamment par une modernisation des encaissements des recettes. En effet, les contribuables utilisant ces services doivent désormais régler leurs impôts, leurs taxes et, le cas échéant, leurs pénalités, par ePayment ou par mobile. Auparavant, les montants dus pouvaient être payés par chèques, en espèces ou encore par virements.

La possibilité de payer en ligne, via le portail eTax, a induit la mise en place d'interconnexions avec les banques. De façon automatisée, celles-ci réceptionnent les ordres de paiement dès qu'ils sont émis par les contribuables, puis elles confirment leur prise en charge. Ces informations sont ensuite automatiquement transmises aux services de la DGI.

Concernant le paiement par mobile, des contrats ont été établis entre le gouvernement de Guinée et des sociétés, de façon à ce que deux solutions de paiement soient aujourd'hui proposées aux contribuables. Ces derniers peuvent ainsi passer soit par MTN Mobile Money, soit par Orange Money.

En définitive, le portail eTax représente un grand changement vis-à-vis des pratiques en matière de procédures fiscales. L'usage de ce portail est censé permettre aux contribuables de gagner du temps et de se repérer plus facilement dans leurs échanges avec l'administration fiscale et dans les démarches qu'ils ont à accomplir. Il ressort que l'un des grands avantages de cet outil est de centraliser toutes les informations au sein d'une même banque de données, dont le traitement, l'analyse et l'exploitation peuvent servir à plusieurs usages, comme nous y reviendrons au cours du deuxième chapitre.

En complément de cet outil qui, en soi, est de nature à faciliter et à alléger le travail du personnel de la DGI, un nouvel outil numérique de travail a été mis sur pied à l'attention de celui-ci : le système de gestion informatisé de l'administration fiscale (SAFiG).

B. Un logiciel de gestion interne : SAFiG

1. Présentation générale du SAFiG

Le SAFiG constitue un logiciel qui utilise internet, mais qui n'est pas disponible en ligne, puisqu'il est destiné uniquement à un usage interne. En effet, il vise à automatiser tous les processus de gestion, de contrôle et d'analyse des contribuables afin de rendre plus aisées et plus rapides les activités du personnel de la DGI. L'objectif est notamment de lui permettre d'avoir accès en temps réel à la situation fiscale de chaque contribuable. Par ailleurs, toutes les procédures liées à l'assiette fiscale, c'est-à-dire au montant servant de base au calcul de l'impôt, à la recette et à la comptabilité sont désormais dématérialisées. Enfin, il s'agit aussi d'optimiser le processus d'encaissement des recettes grâce à la production automatique de flux comptables par le logiciel.

Cette solution présente l'atout de réunir dans une unique base de données toutes les données sur la fiscalité en Guinée. Ainsi, théoriquement, ces dernières sont désormais accessibles simultanément à tous les métiers de la DGI (gestion, immatriculation, contrôle, recette) et au sein des différents centres.

Qui plus est, certaines données sont également visibles par un nombre limité et déterminé de décideurs : la Présidence de la République, la Primature et le Ministère du Budget ont accès en temps réel aux restes à recouvrer des contribuables, ainsi qu'aux statistiques.

2. Les neuf modules du SAFiG

Afin d'avoir une meilleure vision de l'apport et de l'évolution que constitue le SAFiG, il est utile de s'intéresser en détail aux neuf modules qu'il propose et aux possibilités offertes par ces derniers :

- **Le module « gestion »** permet de saisir et de consulter les déclarations et les annexes détaillées, de procéder au remboursement de crédit de TVA, de consulter et d'établir des états de liquidation et des attestations ;
- **Le module « recouvrement »** permet de gérer les encaissements réalisés au guichet par chèques ou en espèces,

les encaissements réalisés par ePayment (paiement en ligne) ou par mPayment (paiement par mobile) et les encaissements réalisés par virement. Plus généralement, il est possible de consulter tous les paiements. Ce module permet également de générer des reçus et des quittances de façon sécurisée, ainsi que des avis de mise en recouvrement.

- **Le module « contribuables et référentiels** » permet d'avoir accès aux « fiches contribuables », à la gestion des régimes, à la gestion des obligations fiscales, à la gestion des référentiels. Il permet aussi de consulter, pour chaque contribuable, ses relations, ses véhicules, ses établissements et ses activités. Enfin, il est possible de suivre les échanges entre les contribuables et la DGI.

- **Le module « contrôle** » permet de gérer les défaillants et les fiches de dépouillement, et d'avoir accès au programme des contrôles. Ce module donne aussi accès à l'analyse comportementale des contribuables, ainsi qu'à leur notation respective.

- **Le module « comptabilité** » génère les écritures comptables, produit les états comptables, propose un service d'interpréteur comptable et gère le déversement au Trésor. À cet égard, l'ensemble des recettes est centralisé sur trois comptes bancaires domiciliés à la Banque centrale de la République de Guinée (BCRG).

- **Le module « rapprochement bancaire** » permet l'intégration du relevé bancaire, ainsi que le rapprochement bancaire automatisé et la gestion des écarts et des calepins de caisse.

- **Le module « contentieux** » permet la gestion des dégrèvements, ainsi que le suivi des procédures dérogatoires.

- **Le module « exonérations** » concerne les régimes spécifiques et les conventions.

- Enfin, **le module « statistiques** » donne accès aux statistiques fiscales et son interface comprend un tableau de bord.

Certes, le portail eTax constitue un grand changement pour les contribuables. Cependant, il semble que la digitalisation de l'administration fiscale implique encore davantage de changements pour son personnel. L'utilisation d'outils numériques modifie fortement les tâches effectuées au quotidien et, plus encore, la manière de les réaliser. *A priori*, ces solutions semblent susceptibles d'optimiser le temps et les activités de chaque membre de la DGI, tout en facilitant la communication entre eux.

Suite à la présentation de ces deux outils, qui constituent les deux volets du projet global « eTax Guinée », nous nous intéresserons à trois enjeux spécifiques qui y sont liés.

C. Des enjeux transversaux

1. L'enjeu de la sécurité

Dès qu'il est question de bases de données, de paiement en ligne ou, tout simplement, de transmission d'informations confidentielles en ligne, la question de la sécurité devient centrale. Dans cette partie, nous présenterons les différentes mesures de sécurité prévues, en vue de nous demander si elles sont suffisantes dans le chapitre suivant.

Tout d'abord, il convient de préciser que, quoique ces outils numériques ont été développés par Ika, ils relèvent de la propriété de l'État guinéen. Ce dernier peut ainsi exploiter ces solutions de façon autonome. Qui plus est, le prestataire s'est engagé à réaliser un transfert de technologies et de compétences aux équipes guinéennes, afin que celles-ci soient autonomes à la fin du projet. Ainsi, ce n'est pas d'Ika, mais de l'État guinéen que relève la sécurité de ces applications et de la base de données de la DGI.

On peut aussi immédiatement indiquer que la sécurité du SAFiG est renforcée par le fait que cet outil n'est pas disponible en ligne. Quant à la sécurisation des accès à l'application eTax, elle est notamment assurée par le recours au protocole HTTPS, qui, théoriquement, garantit l'intégrité, mais aussi la confidentialité des données qui sont envoyées par l'utilisateur du service et qui sont ensuite reçues par le serveur. D'autres protections informatiques ont été mises en place afin de sécuriser le site et la base de données. Nous ne ferons ici que les citer en raison de leur nature très technique : ModSecurity, projection contre les injections SQL et trace de connexion.

Concernant la connexion des contribuables, celle-ci est sécurisée par le recours à trois critères d'identification (adresse électronique, numéro eTax délivré par l'administration fiscale au début de l'usage du service et mot de passe). De plus, à chaque connexion, le contribuable reçoit un code de connexion à usage unique. Enfin, au-delà de 15 minutes d'inactivité sur le site internet, l'utilisateur est automatiquement déconnecté.

Enfin, certaines sécurités ont aussi été prévues vis-à-vis des documents émis en ligne par l'administration fiscale afin d'endiguer les fraudes. En effet, chacun d'entre eux est signé électroniquement par le SAFiG avec un QR code et un numéro unique (cf. exemple ci-dessous). Ce numéro de référence du document donne la possibilité de confronter le document papier (présenté par un contribuable lors d'un contrôle, par exemple) avec sa version numérique stockée sur le serveur de la DGI.

Ainsi, plusieurs moyens complémentaires ont été prévus et mis en œuvre afin de sécuriser l'usage d'eTax et du SAFiG.

2. Des moyens humains spécifiques

Précédemment, nous avons suggéré que les performances de l'administration fiscale pouvaient être diminuées par un manque de personnel. À ce titre, il convient de souligner qu'Ika a recommandé l'attribution de moyens humains spécifiques pour la gestion quotidienne d'eTax Guinée. Cette recommandation porte sur l'affectation de 10 agents à la « cellule eTax Guinée ».

Les missions de la cellule eTax Guinée sont multiples. Tout d'abord, ces agents ont la charge de l'assistance des contribuables lors de leur utilisation du portail. Ils répondent non seulement à leurs messages, mais ils peuvent aussi contrôler et valider les adhésions, et gérer les comptes des utilisateurs contribuables. Ils sont également responsables de la communication et de la formation (interne et externe) relatives à eTax.

En somme, il s'agit des référents fonctionnels du portail eTax. Or, ce dernier impliquant à la fois la dimension fiscale et la dimension informatique, les agents doivent disposer de cette double compétence afin de pouvoir répondre aux demandes des contribuables qui les sollicitent.

3. Le déploiement de ces outils

Retardé par la crise sanitaire de la COVID-19, le début de la mise en service de ces outils s'est déroulé à partir de 2020. Plus précisément, une partie des services du portail eTax a été disponible à partir de l'été 2020. La solution eTax a ensuite été complètement déployée au Centre des Impôts des Moyennes Entreprises (CIME) et au Centre des Impôts des grandes entreprises (CIGE) en avril 2021. Depuis cette période, tous les contribuables qui relèvent de ces services doivent effectuer leurs obligations fiscales par ce biais, sous peine de recevoir une sanction.

En septembre 2021, soit environ un an après la mise en service d'eTax, il y avait un peu moins de 3 000 contribuables adhérents au portail eTax. Plus de 42 000 déclarations avaient été réalisées et plus de 12 000 télépaiements avaient été effectués, ce qui correspond à environ 4,5 milliards GNF de recettes encaissées.

Quant au SAFiG, il a été installé à la DGI à Conakry à l'été 2021. Puis, après une période de formation des agents du CIGE et du CIME, il est devenu leur outil de travail quotidien.

Ainsi, dans un premier temps, eTax et le SAFiG n'ont pas été déployés à l'ensemble des contribuables et à l'ensemble du personnel de l'administration fiscale. Ces deux enjeux font respectivement l'objet de deux axes de développement. D'une part, il est envisagé la création d'une application mobile eTax, pour permettre à tous les contribuables (particuliers et entreprises) d'utiliser eTax. D'autre part, il est envisagé de généraliser l'usage d'eTax et du SAFiG dans les services déconcentrés de l'administration fiscale, ce qui permettrait de centraliser toutes les données et toutes les recettes dans un même outil.

4. Autres perspectives de développement

Au-delà de la perspective d'étendre le déploiement des outils numériques eTax et SAFiG, plusieurs perspectives de développement ont été proposées :

- Un développement d'interface permettant d'améliorer l'assiette fiscale. Cette interface permettrait notamment de vérifier que les personnes ayant une activité professionnelle disposent bien d'un certificat d'immatriculation pour cela ;
- Un développement d'une solution numérique de remboursement de crédit de TVA qui mobiliserait

l'intelligence artificielle afin de déceler les tentatives de fraudes ;

- Un développement de la solution « eBilan » qui, grâce à l'intelligence artificielle, permettrait non seulement la télétransmission des états financiers, mais aussi un recoupement des données avec celles déjà présentes dans la base de données du SAFiG ;
- Un développement de la solution « eFacturation », qui se concentrerait sur l'enregistrement à la DGI de toutes les factures transmises aux fournisseurs avant demande de leur paiement.

Ainsi, par la présentation des outils numériques qui ont commencé à être déployés en République de Guinée, la deuxième partie de ce chapitre a permis de montrer la teneur et l'ampleur des changements liés à leur introduction dans le quotidien des contribuables et du personnel de la DGI.

Conclusion du premier chapitre

Au cours du chapitre liminaire de cet ouvrage, la digitalisation de l'administration fiscale de la République de Guinée a été exposée en s'intéressant, tout d'abord, aux tenants et aux aboutissants de la gestion manuelle de l'impôt, puis, aux outils numériques qui ont commencé à être déployés auprès des contribuables et du personnel de la DGI. Ainsi, nous avons pu montrer que la transformation digitale est susceptible d'avoir d'importants impacts sur les pratiques en matière de procédures fiscales. Nous avons notamment suggéré que ces outils peuvent faire gagner du temps aux agents et aux contribuables, et enrayer les fraudes. Cependant, nous avons aussi montré que la portée de ces outils demeure limitée dans la mesure où ces derniers ne bénéficient pas à tous les contribuables et à tous les services de la DGI.

En somme, la digitalisation de l'administration fiscale en République de Guinée présente de nombreuses opportunités. Néanmoins, elle induit aussi des défis liés à certaines fragilités du pays. Cette dualité va être davantage explorée au cours du chapitre suivant.

CHAPITRE II

LA TRANSFORMATION DIGITALE DE L'ADMINISTRATION FISCALE : ENTRE OPPORTUNITÉS ET DÉFIS

En s'appuyant sur une revue de littérature, ce chapitre vise à mettre en exergue et à analyser les opportunités, mais aussi les défis liés à la digitalisation de l'administration fiscale de la République de Guinée. Après avoir montré l'impact direct du recours aux TIC et au *big data* sur les pratiques fiscales des contribuables et du personnel de l'administration fiscale, nous porterons notre attention sur les opportunités indirectes induites par la digitalisation et capables d'améliorer le recouvrement des recettes fiscales. Enfin, nous verrons de quels enjeux la République de Guinée doit impérativement s'occuper afin que la digitalisation de l'administration fiscale porte pleinement ses fruits.

I Les TIC et le big data au service direct de la performance de l'administration fiscale

Dans un premier temps, nous tenterons de délimiter le périmètre des améliorations que peut induire l'usage des TIC et du *big data* au sein des administrations publiques et notamment au sein de l'administration fiscale. Nous porterons notamment une attention particulière à l'enjeu des contrôles fiscaux. Enfin nous fournirons des exemples de cas pratiques.

A. Les TIC et l'amélioration de l'efficience des institutions

Au cours de ces dernières décennies, au sein de la littérature scientifique, un nombre conséquent d'études s'est attaché à analyser l'apport des TIC pour les administrations publiques et notamment pour l'administration fiscale.

Tout d'abord, d'après Yann Algan *et al.* (2016), les opportunités offertes par le numérique pour les services publics sont à double dimension.

Premièrement, les TIC sont potentiellement vectrices d'innovations de procédés, étant donné qu'elles permettent une amélioration des méthodes de production et de distribution. Dans le cas de la République de Guinée, l'innovation des procédés se traduit notamment par la dématérialisation de toutes les procédures fiscales, autrement réalisées manuellement. Si l'on prend l'exemple des déclarations d'imposition, celles-ci sont remplies plus aisément (grâce aux technologies de pré-remplissage et de calcul automatiques, notamment) et communiquées au service des impôts immédiatement après leur validation en ligne par les contribuables. Les TIC permettent donc bel et bien une amélioration des méthodes de production et de distribution.

Deuxièmement, les TIC sont susceptibles de susciter une innovation de produit : de nouveaux services peuvent être offerts, notamment grâce au rassemblement d'informations apportées par la multitude des utilisateurs sur les plateformes en ligne. Pour illustrer cette opportunité, les chercheurs fournissent l'exemple de la municipalité de Boston (États-Unis). Cette dernière a mis au point une application mobile qui permet aux automobilistes de géolocaliser les nids-de-poule sur la route et de faire remonter l'information instantanément à la municipalité. L'objectif est double, mais aussi gagnant-gagnant. En effet, les automobilistes peuvent être informés de la localisation des nids-de-poule sur la route et potentiellement les anticiper, voire les éviter. Plus rapidement identifiés, ces derniers peuvent ainsi être plus rapidement réparés. Quant à la municipalité, elle réalise des économies en ce qui concerne le repérage des lieux à réparer.

Dans le domaine de l'administration fiscale, de nombreuses innovations de procédés sont aussi possibles. Par exemple, dans certains États (notamment la Russie, l'Australie, le Portugal et la Pologne), des procédures ont été mises en place afin que l'administration fiscale collecte certaines données dans les systèmes informatiques des contribuables de façon automatique (Assouline et Glon, 2018). Cela génère un gain de temps pour les contribuables et une meilleure réactivité de l'administration fiscale, qui ne dépend plus du contribuable pour pouvoir avoir accès aux données dont elle a besoin.

Sébastien Dony et Christophe Maurel (2022) identifient aussi plusieurs sources d'amélioration de la performance des organisations permise par les TIC.

En interne, la digitalisation des processus productifs permet de bonifier les procédures et les structures. La planification et la coordination des activités sont facilitées. Enfin, elle permet d'automatiser certaines tâches et elle rend plus aisées la coproduction et la collaboration parmi le personnel, voire avec d'autres organisations publiques. Tout cela contribue à augmenter l'efficience de l'organisation (Dony et Maurel, 2022).

En externe, grâce à la digitalisation des services, ces derniers sont plus accessibles pour les utilisateurs : théoriquement, ils peuvent y avoir accès en tout temps et en tout lieu, à partir du moment où l'accès à une connexion internet est assuré. Par ailleurs, la réactivité des services est aussi meilleure (pas de file d'attente, pas d'intermédiaire, etc.). Dans l'ensemble, on peut donc parler d'une fluidification et d'une simplification des relations avec les usagers.

En outre, dans un article daté de 2013, Marijn Janssen et Elsa Estevez introduisent la notion de « *lean government* » afin de faire référence aux administrations les plus avancées dans leur processus de digitalisation. Dony et Maurel (2022) ont proposé la traduction suivante de la définition de cette notion : il s'agit d'un ensemble d'approches qui ont recours aux possibilités offertes par les TIC « pour réduire la complexité du secteur public en simplifiant et en rationalisant les processus et structures organisationnelles et, en même temps, pour stimuler l'innovation en mobilisant les parties prenantes ».

D'après Janssen et Estevez (2013), le *lean government* intervient dans un contexte mondial où les États ont besoin de réduire le coût de leurs administrations, tout en augmentant leur croissance économique et en répondant aux problèmes sociaux nationaux. Plus encore, d'après ces chercheuses, ce mode de gouvernement repose sur l'idée que les problèmes sociaux ne peuvent être résolus qu'en collaboration avec la société. De plus, elles envisagent la transformation digitale comme un moyen de réduire la taille des organisations publiques et, de façon corrélée, les ressources qui leur sont associées.

Selon Dony et Maurel (2022), le principe du *lean government* peut être rapproché de deux autres notions. D'une part, il rappelle le *lean management* dans « la volonté d'optimiser les modes de fonctionnement en éliminant les activités non créatrices de valeur pour le client ». En effet, il s'agit d'adapter la manière dont fonctionne l'administration publique en tirant bénéfice des TIC afin que le personnel puisse se concentrer sur les services qui sont les plus fructueux pour les utilisateurs. D'autre part, ils rapprochent le *lean government* du principe de *reengineering*, étant donné que sa mise en place peut reposer sur la réorganisation des processus dans le but d'augmenter leur efficience, tout en diminuant leurs coûts. À cet égard, les bénéfices tirés de la transformation digitale d'une administration peuvent également émaner de la remise à plat totale de son fonctionnement, puisque cela permet d'identifier et de résoudre certains dysfonctionnements. Les chercheurs concluent d'ailleurs que : « le succès des projets de digitalisation est avant tout conditionné par la capacité de la collectivité à réinterroger ses pratiques et à modifier ses processus ».

Enfin, il nous semble que la notion de *lean government* peut être rapprochée de celle d'« e-gouvernement », qui sert à designer « l'usage des TIC pour transformer le gouvernement en le rendant plus accessible aux citoyens, plus efficace et plus responsable » (Dempsey, 2003).

Toutes ces recherches convergent donc pour montrer l'immense potentiel des TIC pour améliorer la performance des administrations. Qu'en est-il des opportunités offertes spécifiquement par le *big data,* notamment en termes de contrôle fiscal ?

B. Les opportunités du big data pour l'administration fiscale

Dans l'article « L'usage du *Big Data* (BD) appliqué à l'optimisation des fonctions de l'administration fiscale : les enseignements tirés de la littérature » (2020), Harouna Kinda se propose d'analyser les impacts de l'usage du *big data* sur les fonctions de l'administration fiscale.

Pour les autorités fiscales, le *big data* rend possible le stockage et le traitement d'un très grand volume de données. Grâce à l'automatisation, ces données peuvent être traitées de façon beaucoup plus rapide et moins fastidieuse que si c'était fait de façon manuelle. En conséquence, le processus fiscal gagne en rapidité.

De plus, lorsque le *big data* est couplé à l'intelligence artificielle, l'administration fiscale dispose de la possibilité d'analyser les données afin de « cartographier le parcours fiscal et comprendre le comportement d'un particulier ou d'une société en matière de conformité fiscale » (Kinda, 2020). Autrement dit, les autorités peuvent analyser, anticiper et contrôler les comportements des contribuables afin de mieux répondre à leur mission et aux attentes des contribuables. Le système de notes d'eTax constitue un exemple d'exploitation de cette opportunité.

La meilleure efficacité du recouvrement des impôts et des taxes permise par le *big data* tient en grande partie au fait que les services numériques rendent plus aisée la communication d'informations entre les différents services et les différents agents de l'administration fiscale, même s'ils sont éloignés géographiquement. Une autre amélioration offerte par le *big data* consiste à garantir davantage de précision en ce qui concerne les prévisions de rendements fiscaux, étant donné que ces dernières s'appuient sur le profil complet de chacun des contribuables.

Cette dernière réflexion amène à remarquer que l'usage du *big data* peut constituer « un facteur clé » afin de prendre des décisions d'orientation stratégique et organisationnelle. Plus encore, il peut permettre d'éviter ou, tout du moins, de réduire certains coûts liés à la nécessité de réaliser des audits afin d'obtenir des prévisions stratégiques, étant donné que le *big data* peut permettre d'obtenir certaines informations en interne.

Au-delà de tous ces avantages, dans le domaine fiscal, le *big data* présente une utilité tout particulièrement importante vis-à-vis des contrôles fiscaux.

C. Le big data, les TIC et les contrôles fiscaux

L'évasion fiscale et la fraude sont des notions qui renvoient à tout comportement qui vise à éliminer ou à diminuer la dette fiscale d'un contribuable (Kinda, 2020). Plus précisément, d'après l'OCDE, la fraude fiscale désigne « toute action du contribuable qui implique une violation de la loi, lorsqu'on peut prouver que l'intéressé a agi dans le dessin délibéré d'échapper à l'impôt ». Ainsi, cette notion implique l'usage de moyens illégaux.

De plus, d'après les recherches du Forum sur l'administration fiscale africaine (ATAF, 2020), les contrôles fiscaux peuvent avoir un effet sur les recettes fiscales à un double niveau. D'une part, à un niveau direct, un contrôle fiscal peut générer des recettes lorsqu'une fraude est effectivement détectée. D'autre part, à un niveau indirect, il y a non seulement un effet dissuasif (la perspective de pouvoir être la cible d'un contrôle fiscal dissuade les contribuables de tenter de réaliser une évasion fiscale), mais aussi une « amélioration de la discipline fiscale », dans la mesure où les contribuables sont susceptibles de faire davantage attention à la conformité de ce qu'ils déclarent.

Ainsi, les contrôles fiscaux constituent un enjeu important. Or, le *big data* et, plus généralement, les TIC peuvent augmenter leurs retombées.

Tout d'abord, le *big data* est un atout pour l'administration fiscale dans la mesure où il permet de repérer les fraudes fiscales en amont de l'exécution d'un contrôle.

D'après Kinda (2020), le principal apport du *big data* réside dans l'opportunité de renforcer la fonction analytique : il est possible de dépister les risques et d'optimiser toutes les activités liées au contrôle fiscal, en ciblant notamment les contribuables les à risques. Dans son article, après avoir suggéré que la fraude représente une difficulté très importante vis-à-vis de l'environnement économique, et ce tout particulièrement dans les économies en développement, Kinda explique en quoi le *big data* permet de déceler les cas de fraude ou d'évasion. D'une part, grâce à l'historique des données, le *big data* permet de prévoir les prochains mouvements des contribuables et, par conséquent, de repérer tout écart. D'autre part, le *big data* permet de faire face aux tentatives d'abus fiscaux grâce à la vision globale qu'il permet. En effet, le *big data* inclut des données de sources différentes et permet de les recouper. Sur le même principe, les statistiques miroirs peuvent, par exemple, être utilisées pour repérer des anomalies en rapprochant les statistiques des exportations au départ d'un pays fournisseur à destination d'un pays client avec celles des importations au sein du pays client. Enfin, le *big data* et le recours à des algorithmes de mise en grappes peuvent permettre d'identifier des groupes de personnes ayant des comportements similaires et, ainsi, de détecter des groupes susceptibles de pratiquer de l'évasion fiscale. Des schémas de fraude peuvent également être identifiés, afin de mieux y faire face (Kinda, 2020).

De façon complémentaire, une étude réalisée conjointement par l'administration fiscale de Serbie et par des chercheurs a montré que l'usage du *big data* peut permettre de déceler des activités secondaires non déclarées. En effet, le recoupement des données a permis d'identifier certains contribuables dont les revenus déclarés s'avèrent anormalement bas par rapport à la catégorie professionnelle à laquelle ils appartiennent.

Cela suggère qu'une partie de leur rémunération pourrait être perçue en espèces et ne pas être déclarée (Atanasijević *et al.*, 2019).

Une autre illustration pratique de la manière dont le *big data* peut être mis au service de la lutte contre la fraude fiscale se trouve en France. Depuis 2021 et pour trois ans, à titre expérimental, l'administration fiscale y est autorisée à collecter, puis à traiter de façon automatique l'ensemble des données publiques publiées par les internautes sur les sites de plateformes en vue d'opérer des contrôles fiscaux si des anomalies sont repérées (Caron, 2022). Ce type de pratique permet d'avoir accès à un volume très important de données et la technologie permet de les traiter, ce qui serait ardu, voire impossible, manuellement.

Par ailleurs, le contrôle fiscal en lui-même peut être optimisé en étant numérisé. Émilie Caron (2022) donne un exemple d'application, en France. Les sociétés qui tiennent leur comptabilité de façon informatisée y sont tenues de fournir ces fichiers lors des contrôles fiscaux. Par le biais de ces fichiers et de ceux complémentaires que les sociétés ont l'obligation de fournir, l'administration fiscale peut se plonger dans « l'intimité » des sociétés. *A fortiori*, l'analyse de ces fichiers est en cours d'automatisation : l'examen de comptabilité est en voie d'être réalisé par des systèmes informatiques, qui identifient les chefs de redressement grâce à des algorithmes.

Ce type d'examen présente un avantage certain pour l'administration fiscale dans la mesure où les contrôleurs n'ont pas à se déplacer dans les locaux de la société. Cela engendre donc un gain de temps et une réduction des coûts. Étant donné que nous avons mentionné que les agents de l'administration fiscale de la République de Guinée peuvent rencontrer des difficultés à se déplacer pour réaliser des contrôles, cela pourrait constituer une solution intéressante.

Enfin, la digitalisation de l'administration fiscale peut, dans son ensemble, accroître la portée des retombées des contrôles fiscaux. En effet, d'après les recherches du Forum sur l'administration fiscale africaine (ATAF, 2020), les contrôles approfondis (sur plusieurs impôts et sur plusieurs années) sont capables de générer davantage de recettes fiscales que les contrôles sur pièces (ATAF, 2020). Qui plus est, ces contrôles étant chronophages, il existerait une corrélation positive entre le nombre de contrôleurs fiscaux nationaux et le rendement des contrôles approfondis (ATAF, 2020). Or, tel qu'il a été expliqué précédemment, les TIC et le *big data* permettent d'optimiser le temps de travail des agents des impôts. Ainsi, il est raisonnable de suggérer qu'à effectif de personnel constant, les TIC et le *big data* peuvent permettre non seulement à chaque agent d'accomplir davantage de contrôles approfondis, mais aussi de dédier davantage de ressources humaines à cette mission, afin de générer *in fine* davantage de recettes fiscales.

En conclusion, les TIC et le *big data* peuvent permettre d'améliorer la performance de l'administration fiscale dans la mesure où ils permettent d'optimiser chacune des tâches effectuées par les agents. Plus encore, ils offrent des opportunités inaccessibles lorsque l'impôt est géré manuellement.

D. Quatre exemples pour se convaincre de l'impact positif de la digitalisation sur les performances de l'administration fiscale

Nous nous proposons maintenant d'illustrer et de corroborer les bénéfices induits par la digitalisation de l'administration fiscale par plusieurs exemples concrets.

Tout d'abord, nous pouvons nous concentrer sur le Maroc. Dans ce pays, la modernisation de l'administration fiscale procède de la stratégie « Maroc Numeric 2013 », dont la mise en œuvre a démarré en 2008. Cependant, le processus de transformation numérique de la DNI n'a réellement débuté qu'en 2016. Un système de services numériques, intitulé « SIMPL », a été déployé et, depuis le 1er janvier 2017, l'obligation de la déclaration et du paiement électroniques de l'impôt a été généralisée à la quasi-totalité des entreprises et des professionnels[7]. Plus récemment, une application mobile « Daribati » est également proposée (Ettahiri et Benazzou, 2022).

De façon significative, d'après le classement « Doing Business » (2020), par rapport à l'indicateur « Paiement des taxes », entre 2017 et 2020, le Maroc est passé du 42e rang au 24e, sur un total de 190 pays. Selon Lahcen Ettahiri et Lotfi Benazzou (2022), cette montée dans le classement est imputable au fait que la digitalisation de l'administration fiscale a permis un élargissement de la population fiscale, ce qui a eu un impact positif direct sur le montant total des recettes fiscales. En effet, en 2017, il y avait 99 783 individus assujettis à l'impôt, contre 384 372 en 2020 (Ettahiri et Benazzou, 2022), soit près de quatre fois plus. De plus, sur la période allant de 2016 à 2019, le montant

[7] À l'exclusion de ceux dont les revenus professionnels sont définis selon le régime du bénéfice forfaitaire.

des recettes fiscales a connu une augmentation de 15 %[8]. *A fortiori*, grâce à la digitalisation, le rendement du contrôle fiscal a aussi connu une hausse significative : entre 2016 et 2019, les recettes fiscales issues des missions de contrôle fiscal ont presque doublé (Ettahiri et Benazzou, 2022).

A fortiori, l'étude d'Otmane Akhannich *et al.* (2022) indique que les TIC ont permis de faciliter les relations entre la Direction générale des Impôts et la Trésorerie générale du Royaume, ce qui a permis des économies de coût et de temps. De plus, dans le cadre de la pandémie de la COVID-19 et des diverses restrictions de déplacement qui ont été mises en place en conséquence, les chercheurs se sont proposé d'évaluer la satisfaction des usagers des e-services de l'administration fiscale. Leur résultat d'étude s'appuie sur un questionnaire auquel 107 personnes, morales et physiques, ont répondu. Parmi elles, 49 % étaient des entreprises. Parmi les répondants, 84 % considéraient que, grâce aux efforts de digitalisation, l'administration fiscale et ses services ont été disponibles durant la pandémie et 75 % se sont déclarés satisfaits vis-à-vis des informations qu'ils ont pu trouver en ligne. En revanche, la moitié des contribuables interrogés s'est dite insatisfaite concernant le traitement en ligne des doléances et des réclamations, et près de 6 personnes sur 10 se sont déclarées être insatisfaites vis-à-vis des échanges qu'elles ont eu par téléphone ou par courriel avec les agents des impôts. Les chercheurs relativisent néanmoins ces résultats par le fait que, durant cette période, l'administration fiscale a reçu un tiers de sollicitations supplémentaires par rapport à d'habitude, ce qui a entraîné d'importants retards dans le traitement des demandes. Ainsi, les résultats de recherche

---

[8] L'année 2020 a été marquée par une baisse du montant des recettes fiscales collecté. Cependant, cette diminution est liée à l'impact de la crise sanitaire de la COVID-19 et elle doit donc être négligée vis-à-vis de notre présent objet d'étude.

d'Akhannich *et al.* tendent à corroborer que la dématérialisation rend plus accessibles les services et les informations, notamment en cas de crise et d'impossibilité à recevoir les utilisateurs au sein de l'administration. Cependant, cette recherche montre aussi que les services en ligne et réalisés en autonomie peuvent ne pas satisfaire les utilisateurs, notamment lorsqu'un problème se pose. Cette réflexion permet d'insister sur l'importance du rôle de la cellule eTax, afin que la digitalisation des services de l'administration fiscale puisse véritablement améliorer l'efficacité de cette institution en République de Guinée.

Également sur le continent africain, au Kenya, le projet de digitalisation de l'administration fiscale a démarré de façon précoce, en 2003, et son implémentation s'est faite progressivement, jusqu'en 2012. Sur cette période de neuf ans, les effets positifs de la transformation digitale se sont fait ressentir puisque les recettes fiscales recouvrées ont presque été multipliées par trois, passant de 2,24 milliards à 7 milliards de dollars (Kitony, 2019). Puis, entre 2013 et 2017, le pays a franchi une nouvelle étape en modernisant de nouveau les systèmes technologiques employés et en réalisant des efforts vis-à-vis de la simplification des procédures fiscales en ligne. Ce processus s'est traduit par une augmentation annuelle moyenne des recettes fiscales de 10 % (Kitony, 2019).

Un autre exemple de transformation digitale, en Amérique latine, appuie également l'impact positif de la digitalisation de l'administration fiscale sur les performances de cette dernière. Au Chili, ce processus a démarré au cours des années 1990.

L'administration fiscale s'est notamment donnée pour but d'améliorer le respect des obligations fiscales en matière de TVA, qui y représente la principale taxe à la consommation. Sa stratégie a été marquée par plusieurs étapes. Après avoir permis l'émission électronique de factures pour les transactions interentreprises, en 2003, les gros contribuables ont aussi pu émettre leurs factures sous forme électronique. Puis, quatre ans plus tard, un portail gratuit de facturation électronique a été mis en place à destination des micros, petites et moyennes entreprises. Une étape supplémentaire a été franchie en 2017, lorsque la facturation électronique a été rendue obligatoire par la loi, sauf pour les contribuables qui ne disposent pas d'un accès à l'électricité ou à internet. Ainsi, tandis que seuls 10 % des contribuables émettaient leurs factures par voie électronique en 2014, ce taux a atteint les 100 % en 2020. De façon complémentaire, des mesures ont progressivement été mises en place afin que les contribuables présentent les recettes de leurs ventes de biens et services par voie électronique. Grâce à l'ensemble de ces dispositions, l'administration fiscale chilienne est parvenue à ce que, en 2017, 84 % du total de la TVA acquittée soit déclarée électroniquement. Un an plus tard, ce taux avait même augmenté de 7 points de pourcentage, atteignant les 91 %.

Par le biais de toutes ces mesures, cette institution est parvenue à augmenter de façon très importante le respect de la législation de la TVA (OCDE, 2021).

Enfin, il est possible de citer un dernier exemple qui illustre de manière significative comment la digitalisation de l'administration fiscale peut permettre de résoudre certains dysfonctionnements et accroître la performance de cette institution.

En Géorgie (pays candidat pour intégrer l'Union européenne depuis mars 2022), jusqu'à récemment, une demande de remboursement de TVA en espèces déclenchait un contrôle fiscal complet, de façon automatique. C'est pourquoi de nombreuses entreprises, même honnêtes, préféraient renoncer à demander ce remboursement afin d'éviter des coûts supplémentaires liés au contrôle fiscal. De sorte que, en 2015, l'État géorgien avait accumulé 1 087 milliards de gels de crédit de TVA. Cette situation engendrait des problèmes, puisque les sociétés renonçaient à des entrées financières qui leur étaient dues et qui auraient pu les soutenir dans leur développement.

Pour pallier le problème, à partir de 2020, un système automatisé de remboursement de la TVA a progressivement été mis en place. Ce système comprend des algorithmes qui évaluent les risques de chaque déclaration à partir d'une comparaison des données du formulaire de déclaration de TVA rempli par le contribuable avec les informations stockées dans la banque de données de l'administration fiscale géorgienne. Cette banque de données est notamment nourrie par le système de facturation électronique obligatoire. Si le risque détecté est nul, le remboursement de TVA s'opère automatiquement, sans contrôle fiscal. Si une erreur est détectée, un agent contacte le contribuable concerné afin de lui demander d'y remédier. Ainsi, dans les faits, l'exécution d'un contrôle fiscal à l'issue d'une demande de remboursement de TVA ne concerne plus que 3 % des demandes émises. Ces mesures se sont traduites par un changement drastique des pratiques fiscales : le nombre de réclamations de demande de remboursement de TVA payées a été multiplié par 15, passant d'environ 7 500 à plus de 113 000 (OCDE, 2021).

L'ensemble de ces exemples concrets montre sans conteste la manière dont les performances de l'administration fiscale peuvent se trouver augmentées par la digitalisation. Ce processus est gagnant-gagnant pour l'État, qui voit ses recettes fiscales augmentées et ses lois mieux respectées, et pour le contribuable, qui peut voir ses droits mieux respectés et ses démarches simplifiées.

Au-delà de ces impacts directs, nous allons maintenant montrer que la digitalisation de l'administration fiscale peut avoir des retombées plus générales sur la société. En même temps, nous tenterons de montrer comment ces dernières sont susceptibles d'accroître indirectement le montant des recettes fiscales perçues par l'État guinéen.

II. Des retombées positives plus larges et plus indirectes induites par la digitalisation de l'administration fiscale

En nous attardant sur les activités du personnel et sur l'exécution des procédures fiscales, nous avons montré que la digitalisation tend à optimiser le recouvrement des recettes fiscales et, plus généralement, les performances de l'administration fiscale. Nous allons maintenant tenter de montrer que ce processus peut avoir des retombées plus vastes, qui engendrent également une amélioration du recouvrement des impôts et des taxes.

A. Une amélioration du civisme fiscal

En raison des contraintes budgétaires et logistiques, chacun des contribuables ne peut pas faire l'objet d'un contrôle fiscal, malgré l'usage du *big data* (Caron, 2022). *A fortiori*, le moyen le moins coûteux et le plus sûr d'obtenir des recettes fiscales optimales reste que chacun des contribuables règle ce qu'il doit. Ces réflexions, somme toute assez élémentaires, invitent à se pencher sur la notion de civisme fiscal. D'après l'OCDE, cette dernière désigne « l'ensemble des perceptions et attitudes des contribuables qui se traduisent par le consentement à l'impôt ou par des pratiques de fraude »[9].

[9] https://www.oecd.org/fr/fiscalite/civisme-fiscal-et-integrite-dans-les-pays-en-developpement-mars-2019.htm#:~:text=La%20notion%20du%20civisme%20fiscal,par%20des%20pratiques%20de%20fraude.

Une multitude de facteurs détermine le civisme fiscal. Tout d'abord, plus l'administration fiscale offre un service de qualité aux contribuables, plus ces derniers seraient enclins à payer leurs impôts en bonne et due forme. En effet, Caron souligne que le civisme fiscal fait référence à « une logique de conciliation selon laquelle il faut améliorer le service rendu au contribuable pour encourager le paiement volontaire de l'impôt » (Caron, 2022). La transformation digitale pouvant accroître la performance de l'administration fiscale, elle pourrait ainsi contribuer à l'amélioration du civisme fiscal par la même occasion, d'après ce critère.

Une étude conduite par Fiacre Muhimpundu au Burundi tend à insister sur l'importance de la qualité des services et des solutions accessibles aux citoyens pour améliorer le civisme fiscal. En effet, dans ce pays d'Afrique subsaharienne, la possibilité de régler ses impôts par téléphone mobile est désormais proposée. Il était attendu que cette opportunité contribue au civisme fiscal en incitant les contribuables à mieux payer leurs impôts. Cependant, très peu de contribuables ont modifié leurs habitudes dans la mesure où, à l'issue d'un paiement mobile, aucun justificatif officiel ne leur est délivré. Dès lors, les contribuables ne perçoivent pas le paiement mobile comme une solution facilitante pour eux. La solution technologique n'a pas été pleinement développée, de sorte qu'elle n'a pas de véritable impact sur le civisme fiscal au sein du pays (Muhimpundu, 2021).

Plus encore, les travaux de recherche menés par l'OCDE montrent que l'intégrité constitue un facteur essentiel en matière de civisme fiscal : plus les contribuables ont confiance dans les institutions, plus le consentement à l'impôt tend à être élevé. Dès lors, les risques de fraudes ou d'évasions fiscales tendent à être amoindris. Or, dans les pays en développement, instaurer cette relation de confiance tend à être un véritable défi : « nombre de pays en développement doivent surmonter des obstacles considérables pour renforcer durablement le civisme fiscal, d'autant plus lorsque la perception de l'impôt et des administrations publiques parmi les citoyens est biaisée en raison de paiements informels ou de pratiques d'extorsion assimilées à des impositions »[10]. Ainsi, une surveillance accrue de la façon dont le recouvrement de l'impôt s'effectue est essentielle (Moore et Prichard, 2017). Or, la digitalisation de l'administration fiscale permet justement d'accroître cette surveillance.

Qui plus est, elle permet davantage de transparence et la transparence peut elle-même être source d'amélioration du lien de confiance entre les citoyens et l'État.

Pendant longtemps, en Guinée, peu de transparence existait en matière d'action publique. Toutefois, un virage structurel a été pris afin de pallier ce problème. La digitalisation de l'administration fiscale peut être considérée comme une étape dans ce processus (Ministère du Budget, 2019a).

À partir du cas de l'Espagne, un groupe de chercheurs (Bolivar *et al.*, 2007) a montré que les TIC peuvent permettre d'accroître la transparence financière de l'État. En effet, internet octroie la possibilité de rendre accessibles à un plus grand nombre de personnes les informations financières d'un pays. Plus encore, le numérique offre l'opportunité de rendre ces informations plus attractives et plus compréhensibles pour les utilisateurs, notamment grâce à un travail sur leur présentation. Cela permet donc de répondre plus facilement et plus efficacement aux besoins exprimés par les citoyens, qui attendent que l'État leur rende des comptes.

Par ailleurs, internet constitue un moyen efficace d'informer les habitants des changements de

---

[10] Ibid.

règlementation, voire de les consulter en vue de réaliser certaines réformes (Rogge *et al.*, 2017).

Enfin, Algan *et al.* (2016) suggèrent que dès lors que les citoyens ont accès aux statistiques concernant la fiscalité de leur pays, les différents acteurs et décideurs sont incités « à prendre de meilleures décisions ».

Ainsi, les TIC et notamment internet permettent d'accroître la surveillance du recouvrement des impôts, afin de garantir son intégrité. *A fortiori*, elles permettent de faciliter la communication entre l'État et les citoyens, de sorte que ces derniers soient mieux informés des actions du gouvernement. Dans le domaine fiscal, en étant mieux informés des tenants et des aboutissants des impôts et des taxes (quels montants sont collectés, à quoi sert l'argent, etc.), les citoyens peuvent accorder davantage de confiance à l'État. *In fine*, le civisme fiscal pourra être amélioré et le montant des recettes fiscales pourra s'en trouver accru.

B. La digitalisation de l'administration et la corruption

L'OCDE insiste donc sur l'importance de l'intégrité afin de garantir le civisme fiscal des citoyens. Par corollaire, la corruption représente un facteur qui diminue le consentement à l'impôt parmi la population. Or, quelques études ont été réalisées afin de montrer les corrélations qui existent entre digitalisation de l'administration et corruption.

Une étude conduite en 2017 par Robert Haafst montre que la digitalisation de l'administration est susceptible de réduire le taux de corruption au sein des pays les moins avancés et au sein des pays en développement (cette corrélation semble moins évidente au sein des pays développés). Ce résultat peut se comprendre par le fait que la dématérialisation des procédures rend plus facile leur contrôle. Ces résultats constituent un argument supplémentaire en faveur de la thèse selon laquelle la digitalisation de l'administration peut accroître le lien de confiance entre la population et ses dirigeants et, par voie de conséquence, le civisme fiscal et le montant des recettes fiscales.

Cela dit, une autre étude montre quant à elle que la corruption peut diminuer l'impact positif de la digitalisation sur les pratiques fiscales des citoyens. En effet, Ahmed Yamen *et al.* (2022) ont conduit une recherche basée sur l'analyse de données portant sur 133 pays. Leur étude avait un double enjeu. D'une part, il s'agissait de tester dans quelle mesure la digitalisation de la gestion de l'impôt endigue l'évasion fiscale. À cet égard, les résultats montrent que la digitalisation a un impact dissuasif significatif vis-à-vis de la fraude : statistiquement, plus le taux de digitalisation de l'administration d'un pays est haut, plus le taux d'évasion fiscale est bas. D'autre part, les chercheurs ont montré que plus il y a de corruption dans un pays, moins les effets de la digitalisation sur le taux d'évasion fiscale sont importants, tel que le montre le graphique ci-dessous. Sur ce dernier, l'axe des ordonnées correspond au taux d'évasion fiscale et l'axe des abscisses, au taux de digitalisation de l'administration publique. La courbe grise correspond aux pays ayant un fort taux de corruption et la courbe bleue, aux pays ayant un faible taux de corruption.

Figure 2. Effet de la digitalisation de l'administration sur le taux d'évasion fiscale

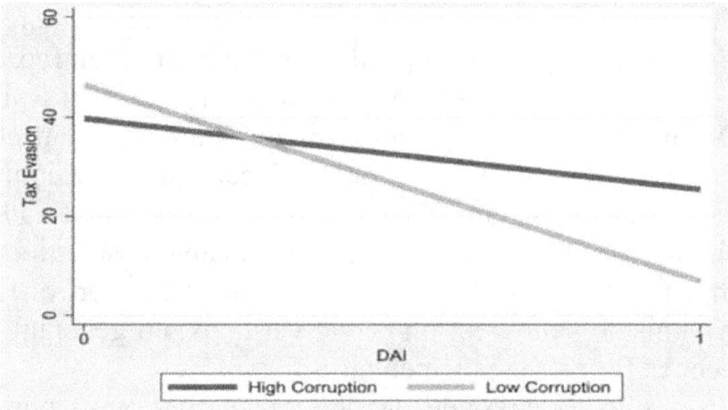

Source : Ahmed Yamen et al. « Digitalization and tax evasion: the moderation effect of corruption », Economic Research-Ekonomska Istraživanja, p. 15.

On remarque bel et bien que, pour l'ensemble des pays, le taux d'évasion fiscale est inversement proportionnel au taux de digitalisation de l'administration. En revanche, on constate que la pente de la baisse du taux d'évasion fiscale est plus douce pour les pays ayant un fort taux de corruption.

Ainsi, les relations de cause à effet entre digitalisation de l'administration et corruption semblent complexes et ambivalentes. Qui plus est, elles laissent entrevoir que la digitalisation de l'administration fiscale peut avoir des retombées très vastes sur la société.

C. Les retombées de la digitalisation de l'administration fiscale au-delà du domaine fiscal

La portée de l'impact de la transformation digitale de l'administration fiscale pourrait aller bien au-delà du domaine fiscal.

En effet, il a été précédemment montré en quoi la dématérialisation des procédures fiscales engendre un gain de temps pour les contribuables. Or, d'après les travaux de recherche conduits par la Commission européenne, la diminution du temps nécessaire à réaliser les démarches fiscales aurait un impact positif sur le nombre d'entreprises créé par tranches de 1 000 personnes en âge de travailler (Algan *et al.*, 2016). Autrement dit, l'amélioration et la digitalisation de l'administration fiscale sont susceptibles de favoriser le dynamisme entrepreneurial au sein d'un État. Chaque société constituant un contribuable assujetti à des impositions et à des taxes, on peut suggérer que ce dynamisme peut créer un cercle vertueux, en générant des recettes fiscales supplémentaires.

De plus, à ce stade de notre recherche, tout porte à conclure que la digitalisation de l'administration fiscale optimise le recouvrement des impôts et des taxes. Or, d'aucuns affirment que l'amélioration du recouvrement des recettes fiscales tend à induire une amélioration de la capacité administrative publique du pays, en règle générale. Wilson Prichard et David K. Léonard (2010) se sont penchés sur cette idée afin de tenter d'en vérifier la véracité grâce à une approche empirique, centrée sur l'Afrique subsaharienne et basée sur un ensemble de données qui comprend 1214 observations, qui couvre 45 pays, et ce sur une période de 33 ans, allant de 1972 à 2005. Leur objectif était de vérifier la corrélation entre l'augmentation de « l'effort fiscal », qui jauge l'efficacité de l'administration fiscale en rapprochant les niveaux réels de recouvrement de l'impôt avec ceux prévus, et l'amélioration de la capacité de l'État, entendue comme « la capacité de l'État à mettre en œuvre une série de politiques » (Besley et Persson, 2009).

Les chercheurs obtiennent un bilan mitigé. De l'année 1973 jusque dans les années 1990, ils constatent en effet que l'amélioration du fonctionnement de l'administration fiscale précédait généralement d'autres améliorations dans d'autres domaines de l'administration. Ce constat suggère que les améliorations dans l'administration fiscale ont effectivement des retombées positives plus générales. Cependant, les chercheurs ont également mis en exergue une rupture structurelle dans les données, à partir de 1996 (Prichard et Léonard 2010). Si les données ne permettent pas d'expliquer les raisons de cette rupture, les chercheurs émettent l'hypothèse suivante : à partir du milieu des années 1990, les bailleurs de fonds ont commencé à apporter une attention spécifique à l'administration fiscale, tandis que, auparavant, les efforts portaient sur des réformes de la fonction publique plus générales. Il est possible que ce glissement ait conduit à une fragmentation administrative, donnant lieu à des « poches d'efficacité ». C'est pourquoi, depuis cette date, les développements administratifs dans le domaine fiscal pourraient avoir moins de retombées plus générales.

En somme, la digitalisation de l'administration fiscale est susceptible d'avoir des conséquences sur la société dans son ensemble. Cependant, ces retombées ne semblent pas systématiques, notamment lorsque les efforts sont uniquement concentrés sur l'aspect fiscal de l'administration.

On peut noter que si l'amélioration de l'administration fiscale peut engendrer des retombées positives dans d'autres domaines, réciproquement, pour être efficace, l'administration fiscale nécessite « un environnement institutionnel solidaire » (Moore et Prichard 2017), notamment en termes de système légal et juridique. Plus spécifiquement, la réussite de la transformation digitale de l'administration fiscale est corrélée, voire conditionnée par différents types d'enjeux sur lesquels nous allons maintenant nous concentrer.

III. Des défis à relever pour que les effets de la transformation digitale soient optimaux

Au cours des parties précédentes, plusieurs indices ont laissé entendre que les retombées positives attendues de la digitalisation de l'administration fiscale n'étaient pas systématiques et que le succès de cette transformation était conditionné à plusieurs facteurs. Dans cette dernière partie, nous allons nous concentrer successivement sur trois enjeux particuliers.

A. L'enjeu de la protection des données à caractère personnel

La digitalisation de l'administration fiscale s'accompagne de la constitution d'une banque de données qui concentre un volume important de données à caractère personnel, qu'il est impératif de protéger. Après avoir défini la notion de « donnée à caractère personnel », nous nous pencherons sur la cadre juridique en République de Guinée.

L'État guinéen définit une donnée à caractère personnel comme « toute information de quelque nature qu'elle soit et indépendamment de son support, y compris le son et l'image relative à une personne identifiée ou identifiable directement ou indirectement, à travers un numéro d'identification ou à un ou plusieurs éléments spécifiques, relatifs à son identité physique, physiologique, génétique, psychique, culturelle, sociale, ou économique »[11]. On peut remarquer que cette définition recoupe celles données dans d'autres pays. Par exemple, en France, l'institution de référence la définit comme « toute information relative à une personne physique susceptible d'être identifiée, directement ou indirectement »[12].

---

[11] Loi n°L/2016/037/AN.

[12] D'après la CNIL : https://www.cnil.fr/fr/cnil-direct/question/une-donnee-caractere-personnel-cest-quoi.

Or, ce type de définition invite à mettre en exergue le caractère évolutif de la notion de donnée à caractère personnel. Dans un contexte de *big data*, le perfectionnement des moyens technologiques et des traitements algorithmiques entraîne la possibilité d'identifier des personnes à partir de certaines données, tandis que c'était auparavant impossible (Bertrand, 2017). Autrement dit, il est impossible d'établir une liste figée de données à caractère personnel, cette dernière fluctuant selon les moyens d'identification mis au point. À titre d'exemple, les juridictions européennes ont assez récemment classé l'adresse IP parmi les données à caractère personnel[13].

Sur le continent africain, la question de la cybersécurité et de la protection des données à caractère personnel tend à être relativement négligée, quoique des évolutions considérables se sont produites au cours des dernières années.

À titre significatif, en 2021, seul un pays sur cinq y disposait d'un cadre juridique relatif à la cybersécurité (CUA/OCDE, 2021). La République de Guinée compte parmi ces pays, à la faveur de la loi n°L/2016/037/AN instaurée en 2016. Par la même occasion, cette dernière a doté le pays d'un cadre juridique en matière de données à caractère personnel. En revanche, aucune autorité de contrôle n'a été établie (Africa data protection, 2022).

De plus, la République de Guinée a ratifié la Convention sur la cybersécurité et la protection des données à caractère personnel (aussi appelée Convention de Malabo), qui a été adoptée en 2014 lors de l'Assemblée des chefs d'État et de gouvernement de l'Union africaine (UA). Cependant, en juin 2020, cette convention n'avait été signée que par 14 États membres de l'UA et seuls cinq pays l'avaient ratifiée,

---

[13] Cour de justice de l'Union européenne, affaire C-582/14, 19 octobre 2016 ; Cass. civ. I, 3 nov. 2016, no 15-22.595.

tandis qu'un minimum de 15 ratifications est nécessaire pour la voir entrer en vigueur (CUA/OCDE, 2021).

Ainsi, en République de Guinée, il existe bel et bien un cadre juridique relatif à la protection des données à caractère personnel. Celui-ci pourrait être renforcé, notamment par la création d'instances de contrôle. *A fortiori*, une attention particulière et constante devrait être accordée à cet enjeu au cours des prochaines années, à mesure que les opportunités offertes par le *big data* et, plus largement, à la technologie s'étendent. En effet, les recherches sur le *big data* peuvent permettre de mettre en œuvre de nouvelles stratégies afin d'endiguer la fraude fiscale. Or, leur application peut nécessiter de réformer le cadre juridique, afin que celui-ci soit en adéquation avec les pratiques fiscales permises par les TIC (Caron, 2022).

B. L'enjeu de la connexion à internet pour véritablement déployer eTax et le SAFiG

Tel qu'il a été montré, les opportunités offertes par le *big data* et par les TIC reposent en grande partie sur la constitution et sur l'exploitation d'une base de données qui regroupe toutes les informations fiscales de Guinée. Or, à ce jour, cette base de données demeure limitée, à l'instar de l'usage d'eTax et du SAFiG. Généraliser l'accès à internet s'avère être à la fois un défi et un impératif afin de maximiser les retombées de la digitalisation de l'administration fiscale.

D'après Mélama Coulibaly, dans beaucoup de pays subsahariens, l'écart de développement « en termes d'infrastructures socio-économiques » entre les espaces ruraux et les espaces urbains est « criant » (Coulibaly, 2014). D'aucuns suggèrent néanmoins que, en République de Guinée, la couverture internet a connu un très grand développement et ce y compris dans les zones rurales (Millimouno, 2020). Si cette affirmation est vraie, il convient de souligner que l'accès à internet et à l'électricité demeure un véritable enjeu dans le pays.

Tout d'abord, l'accès à l'électricité n'est pas garanti en continu, puisqu'il y a des coupures d'électricité fréquentes. Néanmoins, il faut noter que de véritables efforts sont réalisés par l'État depuis le passage à la troisième République qui s'est produit en 2010. Grâce à la création de nouveaux barrages et au recours à des prestataires privés, d'après l'Institut National des Statistiques (INS), entre 2011 et 2019, la capacité de production de la société Electricité de Guinée (EDG), qui s'occupe de la production et de la distribution de courant électrique dans le pays, a été multipliée par quatre, passant d'environ 550 000 MWh à plus de 2 000 000 MWh. Cependant, la demande en électricité ayant elle-même beaucoup augmenté durant la même période, les problèmes de pénurie subsistent (Diallo, 2021). Ainsi, même si tous les services des impôts sont équipés en outils informatiques, ils peuvent être susceptibles de ne pas pouvoir s'en servir, faute de courant électrique.

L'accès à internet est aussi une problématique importante. La République de Guinée s'illustre comme étant l'un des pays avec le plus faible taux d'accès à internet du continent. D'après la Banque mondiale, en 2021, seuls 26 % de la population avait accès à internet[14]. En guise de référence, durant la même année, ce taux était de près de 43 % au Sénégal, de 36 % en Côte d'Ivoire et de 89 % au Maroc. Cela dit, on peut remarquer que, en Guinée, ce taux augmente assez rapidement, démontrant de véritables efforts pour démocratiser l'usage d'internet. Il n'était en effet que de 18 % en 2019 (Diallo, 2021), soit une augmentation de 8 points de pourcentage en deux ans.

Au-delà de l'enjeu de l'accès à internet, celui du débit internet est aussi en jeu. En République de Guinée, le débit

[14] http://wdi.worldbank.org/table/5.12#.

internet tend à être relativement faible. D'après un rapport de la Worldwide Broadland Speed League daté de 2018, la vitesse de téléchargement d'une vidéo de 5 Gb était de 0,65 Mb par seconde (Diallo, 2021). Néanmoins, de nouveau, il convient de souligner que le gouvernement réalise de véritables efforts afin de pallier ces faiblesses. Pour preuve, d'après une autre enquête de la Worldwide Broadland Speed League, datée de 2022, pour la même expérience, la vitesse de téléchargement était désormais de 3,70 Mb par seconde[15].

L'État semble avoir tenu compte de cet état de fait afin de mettre en place le projet eTax. En effet, dans le cahier des charges du projet, il est stipulé que « le temps de réponse maximum pour les actions standards devra être de moins de 5 secondes et de moins de 15 secondes pour les opérations les plus complexes avec une connexion à 512 ko », c'est-à-dire un débit de connexion relativement faible.

Toutes les évolutions positives constatées au niveau de l'accès et du débit internet sont notamment à corréler avec le déploiement progressif de la fibre optique, qui a démarré il y a près d'une décennie et pour lequel l'État a investi plus de 200 millions de dollars. Une fois la fibre optique installée dans l'ensemble du pays, tous les habitants devraient pouvoir bénéficier d'un accès à l'internet à très haut débit. L'objectif est en priorité de connecter à internet les écoles, les universités et les services publics (Habboul, 2022).

Enfin, la couverture de la République de Guinée par le réseau 4G demeure aussi assez basse. En 2020, parmi les 345 communes du pays, 34 auraient bénéficié de cette technologie, soit environ 10 % (Diallo, 2021).

Au regard de l'évolution de la situation et des efforts mis en œuvre par l'État, il est légitime de supposer que, d'ici quelques années, un volume bien plus important de

---

[15] https://www.cable.co.uk/broadband/speed/worldwide-speed-league/.

citoyens sera en mesure de bénéficier des services d'eTax et du SAFiG. En attendant, les retombées de ces outils ne peuvent pas être optimales.

C. L'adoption des outils numériques

Si la possibilité technique d'utiliser eTax et le SAFiG est une condition nécessaire pour que la digitalisation de l'administration fiscale puisse être porteuse de fruits, il convient d'insister sur le fait que la possibilité d'avoir accès à ces outils ne garantit par leur usage par les contribuables et par le personnel.

En effet, les habitudes étant tenaces, la mise à disposition d'outils numériques peut ne pas se traduire par leur utilisation immédiate. Autrement dit, les processus papier peuvent subsister en dépit de la possibilité de les réaliser de façon digitale. Dony et Maurel alertent quant au fait que ces deux types de procédures peuvent coexister en parallèle en raison du comportement de certains agents (2022).

À titre d'exemple dans le domaine fiscal, il est possible de s'appuyer sur le cas de la France. L'informatisation de l'administration fiscale y a démarré dans les années 1960 et un plan de transformation digitale a été mis en œuvre à partir du début des années 2000. L'État a réalisé des investissements considérables pour cela. Malgré tout, fin 2021, Caron indiquait encore que « les techniques issues de la science des données numériques représentent […] encore une faible part du contrôle fiscal et de ses résultats » (Caron, 2022). Elle explique cette situation par le fait qu'il s'agit de nouvelles pratiques qui font l'objet « d'une faible pénétration dans la culture organisationnelle de l'administration fiscale » (Caron, 2022). Autrement dit, malgré les recherches et les nouvelles opportunités offertes par le numérique, les pratiques en termes de contrôle fiscal tendent à évoluer assez peu dans les faits.

Sié Azaria Coulibaly, consultant en management au sein de la société Ivoire Expertise Conseils insiste également sur l'importance d'obtenir l'adhésion des ressources humaines afin que la transformation digitale soit efficace : « La mise en œuvre d'une stratégie digitale passe nécessairement par la mobilisation (implication et adhésion) des ressources humaines tant dans sa conception que dans son implémentation » (Frimousse et Peretti, 2017). D'après Coulibaly, afin d'atteindre cet objectif, il est nécessaire de « promouvoir la culture du digital » parmi l'organisation.

Si les études que nous venons de citer s'appuient sur des recherches conduites dans le contexte européen, des entretiens au nombre de six réalisés auprès de sociétés de logistique d'Afrique subsaharienne laissent entendre que ces problématiques pourraient également se poser sur ce territoire. En effet, ces entretiens montrent que certaines personnes sont très hésitantes, voire réticentes à la perspective d'apprendre à utiliser des outils technologiques, même basiques. Ces dernières préfèrent notamment avoir recours à des procédures papier et procéder aux transactions avec de l'argent liquide (Kuteyi et Winkler, 2022).

Par ailleurs, au-delà de la question de la bonne volonté et de l'adaptabilité du personnel et des contribuables pour s'orienter vers des procédures dématérialisées, se pose également la question de la compétence. En effet, faute d'un volume suffisant de main-d'œuvre disposant des compétences requises en matière de technologie numérique, les administrations sont fréquemment confrontées à des difficultés (Dony et Maurel, 2022). L'enjeu des ressources humaines est donc capital, comme le souligne Ahmed Abriane, chercheur à l'université Ibn Zohr, à Agadir (Maroc) : « Ce ne sont pas les TIC qui apportent de la valeur, ce sont les usages qu'en font les femmes et les hommes qui comptent. » (Frimousse et Peretti, 2017).

Dans sa thèse datée de 2015, Monemou insistait sur le fait que la formation professionnelle constituait l'une des lacunes de l'administration fiscale, et ce notamment en raison d'un manque de dispositifs et d'un manque de moyens financiers attribués à cette thématique : « la DGI qui compte un effectif de plus de 1 700 travailleurs ne dispose d'aucun budget de formation des ressources humaines ». Or, on peut souligner que la qualification du personnel demeure un enjeu majeur en dépit de l'usage du *big data*. En effet, l'exploitation des données permet certes d'identifier plus efficacement les potentielles fraudes fiscales. Cependant, en bout de chaîne, le personnel de l'administration fiscale demeure juge de la situation. Autrement dit, la décision en matière de redressement fiscal n'est pas prise par le système informatique, mais bien par un agent qui dispose des compétences et de l'autorité en la matière. C'est pourquoi il « reste un garant essentiel de l'application de la technicité du droit fiscal et du déchiffrement de la complexité des fraudes » (Caron, 2022). Ainsi, la machine peut aider le personnel, et non le supplanter.

Une attention toute particulière doit donc être apportée à la formation du personnel. Cette dernière ne doit pas négliger la dimension fiscale, la machine ne remplaçant pas l'homme. Cependant, elle doit désormais aussi inclure la dimension informatique, afin que la culture du numérique s'installe véritablement au sein de la DGI et que les outils soient utilisés dans toute leur potentialité.

Ainsi, la République de Guinée doit se montrer vigilante et relever plusieurs défis afin que la digitalisation de son administration fiscale apporte les plus grands bénéfices possible.

Conclusion du second chapitre

Ce second chapitre a permis d'insister sur toute l'étendue des opportunités et des améliorations que la digitalisation de l'administration fiscale peut apporter, notamment vis-à-vis de l'efficacité du recouvrement des recettes fiscales et de la satisfaction des contribuables. Il a également montré que les bénéfices pouvaient aller au-delà du domaine fiscal. Cela dit, la concrétisation de ces opportunités n'est pas automatique et elle dépend de plusieurs facteurs. Les faiblesses de la République de Guinée y constituent un frein.

CONCLUSION DE LA PARTIE I

La partie théorique de cet ouvrage a permis de mieux comprendre la manière dont la digitalisation de l'administration fiscale se traduit concrètement en République de Guinée, avec deux outils numériques, eTax et le SAFiG. De plus, elle a permis de montrer les retombées que l'on peut attendre de ce processus, mais également les limites qui impactent aujourd'hui négativement ses effets.

À la lumière de l'ensemble de ces informations, dans la deuxième partie de cet ouvrage, par le biais d'une approche empirique, nous tenterons de montrer dans quelle mesure la digitalisation de l'administration fiscale a effectivement amélioré les performances de cette institution.

PARTIE II

APPROCHE EMPIRIQUE : ÉVALUATION DE L'IMPACT DE LA DIGITALISATION DE L'ADMINISTRATION FISCALE SUR LES PERFORMANCES DE CELLE-CI

Après avoir planté le cadre théorique au cours de la première partie, nous allons désormais tenter d'évaluer dans quelle mesure la digitalisation de l'administration fiscale guinéenne et le recours au *big data* ont eu un impact sur l'efficacité et sur l'efficience de cette institution. Au-delà du montant des recettes fiscales recouvertes, nous tenterons de mesurer les changements que ces phénomènes ont provoqués sur la qualité des services rendus aux contribuables et sur le travail quotidien des personnels de la DGI.

Le premier chapitre s'appuie sur des données internes fournies par la DGI, ainsi que sur des rapports et des enquêtes conduites par des organisations internationales indépendantes. Il visera notamment, d'une part, à évaluer dans quelle mesure le processus de dématérialisation a permis d'augmenter les recettes fiscales recouvrées et d'améliorer la confiance que les contribuables portent à l'administration fiscale et, d'autre part, à déterminer les limites à l'atteinte de ces objectifs.

Puis, le deuxième chapitre s'appuiera sur l'enquête quantitative réalisée par nos soins auprès de contribuables et de membres du personnel de la DGI. Les résultats des questionnaires diffusés nous permettront d'estimer dans quelle mesure l'usage d'eTax et du SAFiG ont modifié le travail quotidien et les performances des agents et des cadres de la DGI. Ils permettront également de mettre en exergue les aspects pouvant être améliorés afin que les outils numériques nouvellement mis à disposition aient un plus grand impact. Enfin, ils nous permettront de déterminer si eTax a permis d'accroître la satisfaction et la confiance des contribuables.

CHAPITRE I

UNE APPROCHE BASÉE SUR L'ANALYSE STATISTIQUE ET DOCUMENTAIRE

Ce premier chapitre s'appuie sur l'analyse documentaire et statistique. La première partie précisera les hypothèses de recherche ainsi que les sources et la démarche utilisées. Puis, la suite sera consacrée à la présentation et à l'analyse des résultats concernant les deux objectifs de cette partie, à savoir déterminer dans quelle mesure la digitalisation de l'administration fiscale et le recours au *big data* ont eu un impact, d'une part, sur les recettes fiscales collectées et, d'autre part, sur la confiance que les contribuables portent à l'administration fiscale. Enfin, ces résultats seront discutés et les limites de l'étude seront soulignées.

I. Préambule méthodologique

Avant de formuler et d'analyser les résultats que notre recherche documentaire et statistique a permis d'obtenir, il convient de préciser nos hypothèses de recherche initiales, les sources et la démarche que nous avons mobilisées.

A. Hypothèses de recherche issues de la revue de littérature

À la lumière de la revue de littérature et des études de cas effectuées dans la partie liminaire de cet ouvrage, nous formulons les hypothèses de recherche suivantes concernant les impacts que la digitalisation de l'administration fiscale et le recours au *big data* ont eu sur les sommes recouvertes par l'administration fiscale guinéenne et sur la confiance que les contribuables portent à cette dernière depuis la mise en place d'eTax et du SAFiG :

Hypothèse n°1 : Les recettes fiscales recouvertes ont augmenté significativement et eTax et le SAFiG ont permis une meilleure mobilisation des recettes.

Hypothèse n°2 : Les opérations de contrôle fiscal sont plus efficaces et permettent de générer davantage de recettes fiscales.

Hypothèse n°3 : Le nombre de contribuables enregistrés a significativement augmenté.

Hypothèse n°4 : Les contribuables font davantage confiance à l'administration fiscale, ce qui encourage le civisme fiscal.

B. Sources mobilisées

Afin de vérifier ces hypothèses, nous mobiliserons plusieurs types de sources.

Tout d'abord, nous aurons recours aux documents internes de la DGI et notamment aux notes techniques et aux statistiques faisant état des recettes fiscales.

Par ailleurs, étant donné que les analyses et les évaluations réalisées par la DGI sont lacunaires, nous nous appuierons sur des rapports rédigés par des organisations internationales neutres.

Premièrement, nous nous appuierons sur les enquêtes Afrobaromètre conduites en 2015, en 2017, en 2019 et en

2022. Afrobaromètre représente une étude réalisée régulièrement par un réseau de recherche panafricain indépendant internationalement reconnu et fondé en 1999. En République de Guinée, les enquêtes d'opinion effectuées s'appuient sur un échantillon d'environ 1 200 répondants représentatifs de la population en règle générale. À notre connaissance, la DGI ne dispose d'aucune donnée concernant la confiance portée par les contribuables à l'administration fiscale et le degré de transparence de cette institution. Aussi aurons-nous essentiellement recours aux enquêtes Afrobaromètre afin de traiter ces questions, ainsi que celle du civisme fiscal. Notons que cette source présente l'avantage d'avoir posé certaines questions pertinentes vis-à-vis de notre sujet d'étude avant et après le déploiement d'eTax.

Deuxièmement, à l'automne 2022, une évaluation de l'administration guinéenne a été effectuée grâce à l'outil de diagnostic TADAT (Hiol *et al.* 2022). Puisqu'il s'agit de la première évaluation du type réalisée, nous ne disposons pas de données de référence, antérieures au début du processus de digitalisation de l'administration fiscale guinéenne. Cependant, les résultats de cette étude sont pertinents vis-à-vis de notre objet d'étude.

Enfin, nous ferons référence à un court rapport réalisé par le fonds monétaire international (FMI) en 2021.

C. Démarche de la recherche

La présentation et l'analyse des données seront réalisées de façon thématique, en fonction des données qui ont pu être trouvées au sein des différentes sources précitées.

Dans la mesure du possible, nous adopterons une démarche comparative. En effet, il s'agira de mettre en parallèle les données et les statistiques recensées avant le début de la dématérialisation de l'administration fiscale et celles obtenues après.

La plateforme eTax ayant été déployée à partir de 2020 et le SAFiG à partir de 2021, nous retiendrons l'année 2020 comme année charnière. Lorsque les données antérieures à 2020 ne seront pas connues, nous fournirons malgré tout celles à notre disposition afin de dresser un état des lieux. De même si seules les informations antérieures à 2020 sont disponibles.

II. Présentation et analyse des résultats de recherche

Nous présenterons successivement les résultats de recherche à propos du recouvrement des recettes fiscales et de la confiance que les contribuables portent à l'administration fiscale.

A. Un meilleur recouvrement des recettes fiscales et une meilleure mobilisation des recettes ?

1. Une approche frontale de la question

Afin d'évaluer l'impact de la dématérialisation de l'administration fiscale et du recours au *big data* sur le recouvrement des recettes fiscales, il convient évidemment de s'intéresser aux chiffres.

Le tableau suivant dresse un bilan du total des recettes fiscales annuelles collectées par l'administration fiscale guinéenne depuis 2010 et la part collectée d'eTax-SAFig de 2020 au 30 avril 2023. Les prévisions annuelles attendues sont aussi indiquées. Le graphique qui suit permet d'appréhender ces chiffres de façon plus visuelle.

TABLEAU 1 : SITUATION DES PREVISIONS-REALISATIONS DE L'ADMINISTRATION FISCALE GUINÉENNE DE 2010 A 2022 EN MILLIERS DE GNF					
ANNÉES	**PREVISIONS**	**REALISATIONS**	**TAUX (%)**	**RECOUVREMENT ANNUELLES e Tax- SAFiG (GNF)**	**GLISSEMENT ANNUEL (%)**
2010	1 346 046 732	1 598 393 131	118,8	-	
2011	2 015 437 823	2 314 723 443	114,9	-	44,8
2012	3 066 558 378	3 260 813 152	106,3	-	40,9
2013	3 568 284 275	3 106 233 767	87,1	-	-4,7
2014	3 372 784 737	3 094 747 403	91,8	-	-0,4
2015	3 358 871 601	3 579 535 273	106,6	-	15,7
2016	4 455 098 520	4 525 960 817	101,6	-	26,4
2017	5 568 365 572	5 905 533 054	106,1	-	30,5
2018	6 716 477 682	6 478 277 067	96,5	-	9,7
2019	7 892 364 605	7 698 324 097	97,5	-	18,8
2020	7 809 506 548	7 174 515 640	91,9	2 44 367 208	-6,8
2021	10 178 000 001	8 136 654 948	79,9	7 571 350 778	13,4
2022*	11 365 079 026	9 630 897 683	78,1	9 630 897 682	18,4
2023	13 518 000 000	3 760 487 394	27,8	3 760 487 394	-

		(au 30 avril 2023)			
TOTAL	**71 682 875 500**	**66 504 609 475**	**92,8**		
SOURCE : RSI/STATISTIQUE/DGI					

GRAPGIQUE1: COMPARAISON DES PREVISIONS ET REALISATIONS DE 2010 A 2022 EN MILLIERS DE GNF

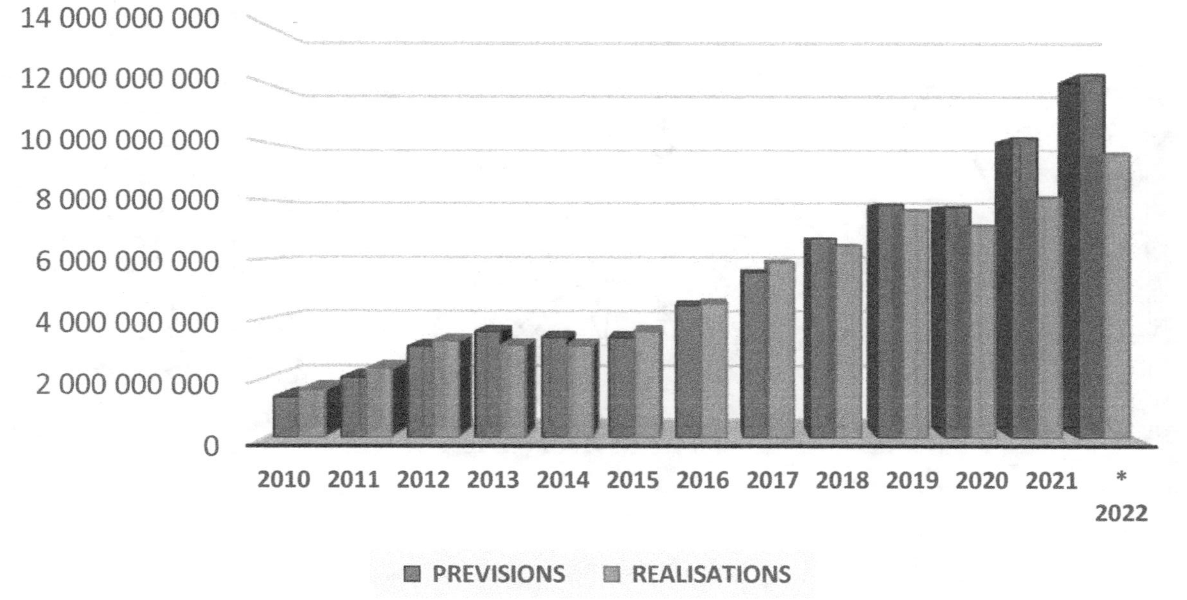

GRAPHIQUE 2: EVOLUTION DU GLISSEMENT ANNUEL DE 2010 A 2022

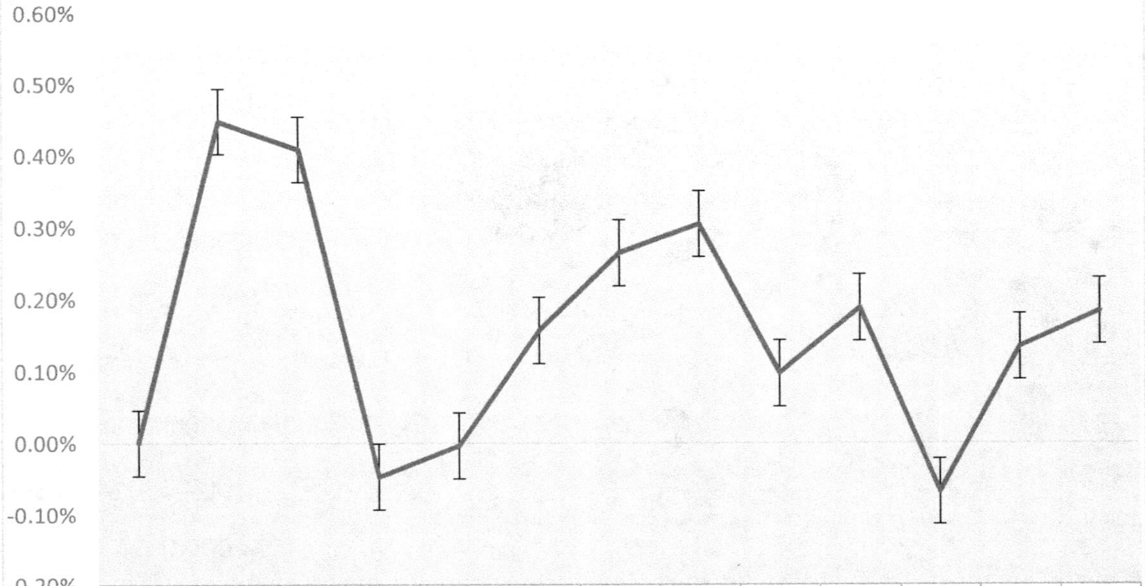

2010	2011	2012	2013	2014	2015	2016	2017	2018	2019	2020	2021	* 2022
0	0,4482	0,4087	-0,047	-0,004	0,1566	0,2644	0,3048	0,097	0,1883	-0,068	0,1341	0,1836

GLISSEMNT ANUEL

Premier constat qui s'impose : dans l'ensemble, le montant total des recettes fiscales collectées tend à augmenter chaque année depuis 2010. À titre significatif, le montant des recettes fiscales collectées en 2022 est environ six fois plus important que celui recouvré en 2010. On peut noter que l'augmentation de ce montant a été plus rapide au début de la période étudiée, puisqu'elle atteignait des taux de variation de plus de 40 %.

Plus encore, le montant total des recettes collectées entre 2020 et 2022 (*en intégrant les sommes perçues de janvier au 30 avril 2023 environ 3 760 Mds de GNF*), soit environ 28 702 Mds de GNF, représente environ 69 % des sommes collectées entre 2010 et 2019, soit 41 562 Mds de GNF. Autrement formulé, en quatre ans, la DGI est parvenue à recouvrer un montant quasi proche, voire identique à celui perçu au cours de la décennie précédente. Cette évolution paraît être le témoin de la meilleure performance de l'administration fiscale depuis la mise en place du SAFiG et d'eTax.

Malgré cette croissance globale, trois anomalies peuvent être notées : en 2013, en 2014 et en 2020. Seule cette dernière anomalie statistique nous intéresse dans le cadre de cette étude. En 2020, le montant des recettes collectées a baissé de 6,8 % par rapport à l'année précédente. Ce taux négatif peut être expliqué par le contexte macroéconomique. En effet, la pandémie de la COVID-19 a fortement impacté l'activité des contribuables et notamment celle des entreprises (Ministère de l'Économie et des Finances, 2020) et, *in fine*, les recettes fiscales collectées. Compte tenu de ce contexte spécifique, il nous semble qu'il ne convient pas d'interpréter la diminution des montants collectés comme une conséquence du déploiement de la plateforme eTax.

Au cours des années suivantes, le montant des recettes fiscales collectées a continué à augmenter à un rythme à peu près identique à celui antérieur au début de la crise de la

COVID-19. Dès l'année 2021, les recettes fiscales collectées ont augmenté de 13,4 % par rapport à 2020 et de 5,7 % par rapport à 2019, avant d'augmenter encore de 18,4 % en 2022. Au regard des données disponibles à ce jour pour l'année 2023, ce taux d'évolution semble avoir tendance à se stabiliser autour de 18 %.

Ainsi, *a priori*, le déploiement d'eTax et du SAFiG ne semble pas avoir eu un impact très significatif sur le montant des recettes recouvré par l'administration fiscale. Cependant, le fait que ce déploiement se soit réalisé en pleine pandémie de la COVID-19 invite à émettre une hypothèse différente. En effet, les impacts négatifs de la pandémie sur l'activité des agents économiques se sont poursuivis au-delà de l'année 2020. Le fait que le rythme de croissance des recettes fiscales ait été retrouvé dès 2021 peut être envisagé comme une conséquence du fait que l'impact positif du déploiement des plateformes numériques de l'administration fiscale a permis de compenser les pertes causées par la situation économique tendue. En tout état de cause, cette interprétation ne peut rester qu'à l'état d'hypothèse.

Cela dit, d'autres données suggèrent que le SAFiG et eTax ont effectivement eu un impact positif sur la mobilisation des recettes fiscales. D'après une note technique sur la mobilisation des recettes fiscales émise par la DGI à propos de la période allant de janvier à septembre 2022, la mobilisation des recettes fiscales s'avère « nettement en hausse » par rapport aux deux années précédentes. Ainsi, à la fin du mois de septembre 2022, la DGI a mobilisé 8 147,5 Mds de GNF de recettes, tandis que son objectif prévisionnel s'élevait à 7 249,5 Mds de GNF. L'objectif a donc été dépassé de 12 %.

Il est légitime de considérer que le SAFiG et eTax ont contribué à ces résultats dans la mesure où les réalisations concernant les impôts sur les bénéfices des sociétés et autres entreprises ont dépassé de 12,4 % les prévisions, ce qui, en variation absolue, correspond à une plus-value d'environ 282 Mds de GNF. Ce dépassement d'objectif semble d'autant plus significatif que, durant la même période l'année précédente, les objectifs fixés n'avaient pas été atteints : le taux de réalisation était de 78 % ce qui correspond à une moins-value de presque 472 Mds de GNF. En 2022, l'activité économique des entreprises ayant été moins impactée par les conséquences du COVID-19 qu'en 2021, on peut supposer que les effets de la digitalisation de l'administration fiscale ont été davantage perceptibles.

En complément de cette approche frontale, la question de l'impact de la digitalisation et du recours au *big data* sur la collecte des recettes fiscales peuvent être analysées en ayant recours à des indicateurs plus indirects.

2. Des indicateurs complémentaires pour mieux appréhender cet enjeu

L'impact de la pandémie de la COVID-19 empêche donc de véritablement mesurer l'effet de la dématérialisation de l'administration fiscale et du recours au *big data* grâce à une approche statistique classique du montant des recettes fiscales collectées. À défaut, nous allons tenter de cerner ces impacts en nous intéressant à d'autres indicateurs.

Tout d'abord, il est utile de rappeler que, à ce jour, l'obligation de réaliser ses démarches fiscales via le portail eTax n'est effective que pour les moyennes et pour les grandes entreprises. À ce titre, la base de données de la DGI est essentiellement composée de ce type de contribuables.

Or, le processus de dématérialisation semble avoir eu un impact minime par rapport au nombre de contribuables enregistré auprès de la DGI. En effet, entre 2019 et 2021, le nombre de contribuables enregistrés n'a augmenté que de 4,6 % pour l'impôt sur les sociétés et de 3,1 % pour le prélèvement retenu à la source. La quantité de contribuables enregistrés a même diminué pour l'impôt sur le revenu des personnes physiques (-2,5 %). Seul le nombre de contribuables enregistrés pour la taxe sur la valeur ajoutée (TVA) a significativement augmenté (13,8 %) sur la même période. Étant donné que nous ne disposons pas de données antérieures, ni de données postérieures, il est ardu de déterminer si ces évolutions sont significatives. Cela dit, lorsque l'on regarde ce qu'elles représentent en termes de variation absolue, elles semblent relativement négligeables, hormis pour la TVA.

Néanmoins, l'impact de ce constat peut être relativisé puisque, dans les faits, la majeure partie des recettes fiscales collectées est versée par les trente plus grands contributeurs du SME et du SGE de la République de Guinée, qui sont bien identifiés par la DGI. En effet, à titre significatif, par rapport aux 3 760 Mds de GNF collectés en 2023, ces derniers en ont versé un plus de 3 132 Mds, soit un plus de 83 %. On peut noter que l'organisation de ces sociétés et leur mode de fonctionnement les rendent particulièrement favorables aux outils numériques désormais proposés par la DGI pour accomplir leurs démarches fiscales.

Nombre de contribuables enregistrés auprès de la DGI par type de prélèvements obligatoires

Années / Nombre de Contribuables / Nature Impôts	2019	2020	2021	Variation absolue entre 2019-2021	Taux de variation entre 2019 et 2021 (en %)
Impôt sur les sociétés	1 501	1 515	1570	69	4,6
Impôt sur le revenu des personnes physiques	402	420	392	-10	-2,5

Nombre de contribuables enregistrés auprès de la DGI par type de prélèvements obligatoires

Prélèvement retenu à la source (nombre d'employeurs)	1 903	1 935	1 962	59	3,1
Taxe sur la valeur ajoutée	1 599	1 630	1 820	221	13,8

Dans l'ensemble, les données recueillies montrent que, même après le déploiement d'eTax et du SAFiG, la banque de données de la DGI s'avère très lacunaire et perfectible.

À partir du tableau d'effectifs ci-dessus, on peut souligner qu'il existe des incohérences vis-à-vis de la quantité de contribuables tenus de réaliser une déclaration au titre des impôts de base et la quantité de contribuables qui en réalisent effectivement une. Par exemple, en 2022, la DGI aurait dû recevoir 2 070 déclarations de TVA, tandis que le répertoire de la DGI ne comptabilise que 1 820 contribuables. Les 250 contribuables non comptabilisés sont exonérés ou relevant de la base APIP.

De même, dès lors qu'une entreprise est constituée, celle-ci reçoit systématiquement un numéro d'identification fiscale permanent (NIFp). Or, il existe un écart important entre le fichier des immatriculations, qui comprenait un peu moins de 36 400 NIFp en septembre 2022, et la base de données de la DGI, qui comprenait environ 2 000 contribuables ayant un NIFp, soit environ 5,5 % de l'ensemble du fichier des immatriculations. Il y a lieu de noter ce faible pourcentage s'explique par le délai de création à l'APIP des nouvelles entreprises et la prise en charge du dossier fiscal unique par le CIME.

Concernant la vérification des données au sujet des contribuables, certaines mesures ont été prévues et notamment la géolocalisation, qui permet de rattacher le contribuable aux unités de gestion adéquates. Cependant, un rapport du FMI met en exergue que, en septembre 2021, 85 % des individus immatriculés refusaient de se soumettre à la géolocalisation. *A fortiori*, parmi les personnes géolocalisées, 37 % n'étaient pas prises en charge. Autrement dit, parmi toutes les personnes immatriculées, seuls 10 % étaient à la fois géolocalisées et prises en charge.

En outre, la transformation digitale de l'administration des impôts semble avoir permis aux institutions de mieux échanger les données entre elles. En effet, désormais, la DGI échange des renseignements et des bases de données notamment avec les Douanes et le Trésor. En parallèle, un échange de données a aussi été prévu avec des opérateurs téléphoniques et le Crédit rural de Guinée. Toutes ces données sont notamment confrontées aux déclarations des contribuables, afin d'exécuter certains contrôles fiscaux. Cependant, toutes ces banques de données tendent à être trop peu étoffées pour permettre à la DGI de garantir l'exactitude des données en recoupant toutes celles dont elle dispose. *A fortiori*, les données concernant la bourse, la sécurité sociale et les données issues des échanges internationaux ne sont pas partagées avec la DGI. Ainsi, à ce jour, l'ensemble des potentiels permis par le *big data* et l'informatique n'est pas pleinement exploité en vue de maximiser l'efficacité des contrôles fiscaux. Dans les faits, seuls des comparatifs statistiques qui mesurent les écarts d'une année sur l'autre sont déployés. Ce processus n'est pas automatisé et il est réalisé à la demande des agents.

Pour autant, il semble indéniable que les outils numériques permettent un meilleur suivi des dossiers. À titre d'exemple, la DGI dispose désormais d'une meilleure vision des contribuables présentant un arriéré grâce au SAFiG ; de sorte qu'elle peut plus aisément réaliser des démarches afin de récupérer les sommes dues et ce d'autant plus que le SAFiG peut générer automatiquement les courriers correspondants. Les sommes que représentent les arriérés sont loin d'être insignifiantes étant donné que, en mai 2023, le montant total du stock pour les 30 contribuables ayant le plus d'arriérés s'élevait à plus de 1 239 Mds de GNF. Le SAFiG semble donc être un outil efficace pour identifier les contribuables à cibler, ainsi que les sources de recette. À l'heure actuelle, en revanche, nous ne disposons pas de statistiques permettant de déterminer dans quelle mesure eTax et le SAFiG ont permis de recouvrir plus efficacement les arriérés.

Enfin, on peut s'intéresser à l'efficience de l'obligation de réaliser ses déclarations fiscales et ses paiements en ligne qui s'applique aux moyennes et aux grandes entreprises.

Concernant le nombre de contribuables qui recourt aux procédures dématérialisées, les données ne sont pas disponibles pour toutes les catégories de contribuables. La DGI déclare que les taux de déclaration par voie électronique en 2021 sont de 100 % pour l'impôt sur les sociétés et les accises, de 99 % pour l'impôt sur le revenu des personnes physiques et de 93 % pour la TVA.

De même, le taux de paiement par voie électronique était particulièrement haut pour les impôts de base. En effet, pour la même année de référence, il était de 100 % pour l'impôt sur les sociétés, de 99 % pour l'impôt sur le revenu des personnes physiques et de 99 % pour la TVA.

Cependant, Hiol *et al*. (2022) relativisent ces constats en insistant sur le fait que, d'une part, ces pourcentages n'ont pas pu être vérifiés à l'occasion de l'évaluation TADAT. D'autre part, ces pourcentages n'ont pas été calculés à l'échelle de tous les contribuables qui devraient s'acquitter de ce type d'impôts.

En définitive, il semble que, à ce jour, les impacts du recours au *big data* et de la dématérialisation de l'administration fiscale vis-à-vis du montant des recettes fiscales collectées soient difficilement mesurables. Que l'on regarde le nombre de contribuables enregistrés ou le montant des recettes, il ne semble pas y avoir de différences significatives entre la période antérieure et la période postérieure au déploiement des solutions numériques eTax et SAFiG (sauf peut-être vis-à-vis du nombre de contribuables enregistrés pour la TVA).

Cependant, deux éléments sont certains. D'une part, le fait que ces dispositifs aient été déployés lors de la pandémie de la COVID-19 et donc lors d'une période où l'activité économique était ralentie rend plus difficile cette évaluation. D'autre part, toutes les opportunités offertes par le *big data* et par le recours au numérique ne sont pas pleinement exploitées, afin d'augmenter le montant des recettes fiscales.

D'autre part, depuis que l'activité économique tend à reprendre son cours régulier, le recouvrement des recettes liées aux impôts sur les bénéfices des sociétés semble être beaucoup plus performant qu'auparavant, tel que le laisse entendre le dépassement d'objectifs. De plus, d'après la DGI, l'année 2022 a été marquée par une meilleure mobilisation des recettes fiscales. Ainsi peut-on suggérer que ces évolutions positives ont été favorisées par le déploiement du SAFiG et d'eTax, même si, dans l'ensemble, les objectifs n'ont pas été totalement atteints en raison de la COVID-19 notamment.

Enfin, au cours de la revue de littérature, nous avons souligné qu'une autre manière d'augmenter les recettes recouvertes par le biais des prélèvements obligatoires consistait à améliorer le civisme fiscal. Or, ce dernier est étroitement lié à la confiance que les contribuables portent à l'administration fiscale. Ainsi, il est maintenant temps de s'interroger sur l'impact de la digitalisation de l'administration fiscale vis-à-vis de cet enjeu.

B. Une plus grande confiance dans l'administration fiscale ?

Tel qu'il a été indiqué précédemment, nous nous appuierons essentiellement sur les résultats des enquêtes Afrobaromètre afin de traiter le thème de la confiance accordée par les contribuables à l'administration fiscale. Nous disposons des rapports d'enquêtes réalisées en 2015, en 2017, en 2019 et en 2022. Cependant, malheureusement, d'une session d'enquête à l'autre, les mêmes questions ne sont pas toujours posées aux interrogés. De sorte que nous ne pouvons pas comparer tous les résultats obtenus. *A fortiori*, compte tenu du coup d'État qui a marqué l'année 2021 en République de Guinée, l'enquête de 2022 prête une attention particulière à cet enjeu, au détriment du traitement du thème de l'administration fiscale.

Malgré ces difficultés, nous avons sélectionné deux indicateurs pour lesquels nous disposons de données antérieures et postérieures à la mise en œuvre de la dématérialisation de l'administration fiscale et qui nous paraissent pertinents vis-à-vis de la thématique étudiée. D'une part, nous verrons la perception que les citoyens portent sur l'état de la corruption parmi les agents de l'administration fiscale. D'autre part, nous verrons dans quelle mesure les citoyens estiment qu'il est facile de trouver des informations au sujet de la fiscalité. Ces deux indicateurs nous semblent révélateurs de ce que pensent les Guinéens de l'intégrité de l'administration fiscale, ainsi que de la transparence du système fiscal. Il est entendu que ces deux facteurs semblent déterminants afin que les contribuables aient confiance. Avant d'analyser les données disponibles à cet égard, nous allons porter notre attention sur d'autres données disponibles ayant trait au civisme fiscal, afin d'étoffer l'état des lieux de la situation antérieure à la digitalisation de l'administration fiscale déjà débutée.

1. Compléter l'état des lieux de la situation avant le déploiement d'eTax et du SAFiG

Dans un premier temps, il s'agit de montrer que, avant la dématérialisation de l'administration fiscale, le civisme fiscal et la confiance portée au système fiscal tendaient à être mitigés.

Graphique 3. Enquêtes Afrobaromètre

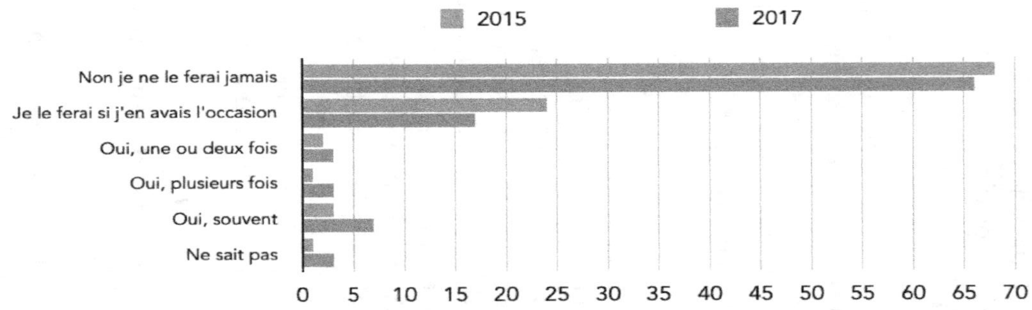

Réponses obtenues à la question « Voici une liste d'actions que les gens mènent parfois en tant que citoyens quand ils ne sont pas satisfaits de la performance du gouvernement. Pour chacune d'entre elles, veuillez me dire si vous avez personnellement effectué une de ces actions au cours des 12 derniers mois : Refuser de payer une taxe/redevance à l'État »

Sources : Afrobaromètre 2015 et 2017.

De manière révélatrice, en 2019, un tiers des personnes interrogées estimaient que les citoyens évitaient toujours ou souvent de payer les impôts et les taxes dus au gouvernement. Environ 30 % pensaient que cette situation ne se produisait que rarement et 26 %, jamais.

Par ailleurs, en 2015, 16 % des individus estimaient qu'il était facile (14 %), voire très facile (2 %) d'éviter de payer l'impôt sur le revenu ou les droits sur propriété. Autrement dit, plus d'une personne sur dix pensait qu'il lui était aisé de se soustraire à ses obligations fiscales.

De façon corrélée, en 2017, 13 % des personnes interrogées ont déclaré avoir souvent, plusieurs fois ou quelques fois refusé de payer une taxe ou une redevance due à l'État au cours de l'année qui venait de s'écouler, contre 6 % en 2015. Par ailleurs, le pourcentage d'interrogés ayant déclaré ne jamais être prêts à réaliser une telle action a reculé de 68 % à 66 % entre 2015 et 2017.

Ainsi, il semble que le civisme fiscal était compromis avant la mise en œuvre de la dématérialisation de l'administration fiscale. Beaucoup de gens semblaient parvenir à échapper à leurs obligations fiscales. Les résultats obtenus semblent suggérer que ce phénomène était lié à la facilité avec laquelle certaines personnes parvenaient à contourner le système.

Plus encore, il semble que la légitimité de l'autorité de l'administration fiscale tendait à décliner aux yeux des citoyens. Cette interprétation se fonde sur les enquêtes Afrobaromètre réalisées en 2015, en 2017 et en 2019. À chacune de ces dates, les Guinéens ont été interrogés quant au droit dont dispose l'administration fiscale de toujours contraindre les citoyens à payer leurs impôts. En 2015, 64 % des interrogés estimaient que les autorités fiscales avaient ce droit, contre seulement 56 % en 2017 et

44 % en 2019. De même, en 2015, 15 % déclaraient ne pas du tout reconnaître ce droit, contre 16 % en 2017 et 24 % en 2019.

Graphique 4 : Enquêtes Afrobaromètre

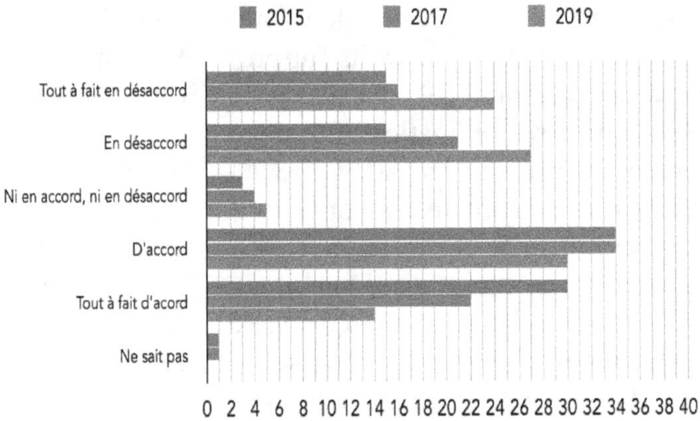

Réponses obtenues à la question : « Pour chacune des affirmations suivantes, veuillez me dire si vous êtes d'accord ou non : Les autorités fiscales ont toujours le droit de contraindre les populations à payer les impôts. »
Sources : Afrobaromètre 2015, 2017 et 2019.

En conclusion, avant le déploiement d'eTax et du SAFiG, l'incivisme fiscal tendait à être assez élevé et une proportion croissante de la population semblait remettre en question la légitimité de certaines actions entreprises par l'administration fiscale. La dématérialisation de cette dernière a-t-elle contribué à augmenter la confiance que les contribuables lui portent ?

2. Évaluation de l'impact de la dématérialisation de l'administration fiscale sur la confiance portée par les contribuables à l'administration fiscale.

Tout d'abord, on peut s'interroger sur l'évolution de la manière dont les citoyens perçoivent le degré de corruption parmi les agents du ministère du Budget ou les collecteurs de taxes locales entre 2015 et 2022. D'un côté, il semble que de moins en moins de personnes n'estiment qu'aucun de ces agents n'est corrompu.

Graphique 5 : Enquêtes Afrobaromètre

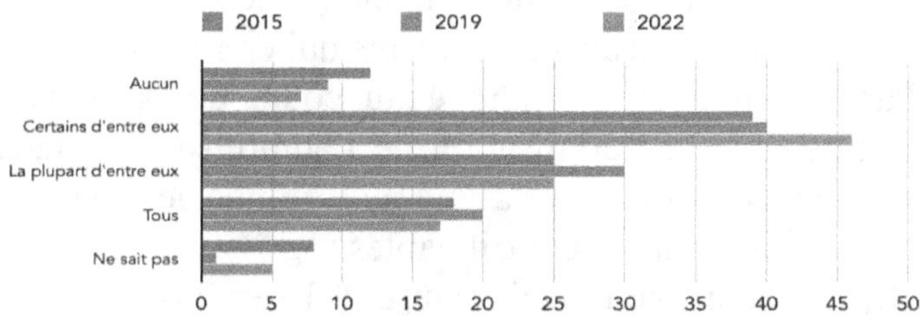

Réponses obtenues à la question : « Selon vous, combien de personnes des groupes suivants sont impliquées dans des affaires de corruption, ou n'êtes-vous pas assez familiers avec eux pour donner votre opinion : Les agents des impôts, tels que les agents du Ministère des finances ou les collecteurs de taxes locales ? »

Sources : Afrobaromètre 2015, 2019 et 2022

En effet, le pourcentage d'interrogés pensant cela a reculé de 12 à 7 % en sept ans. D'un autre côté, de même, la proportion d'individus estimant que tous les agents sont corrompus a légèrement reculé, passant de 18 à 17 %. Ainsi, *a priori*, il semble que la dématérialisation de l'administration fiscale n'a pas eu une influence particulièrement positive vis-à-vis de cet enjeu.

Cependant, à y regarder de plus près et en prenant comme référence initiale l'année 2019, il semble qu'il y ait bien eu une amélioration de la perception de l'intégrité des agents en trois ans. En effet, à ce sujet, entre 2015 et 2019, tous les indicateurs se sont dégradés. En revanche, en 2022, par rapport à 2019, il y avait 3 % d'interrogés en moins qui estimaient que tous les agents étaient corrompus et 5 % de moins qui pensaient que la plupart d'entre eux l'étaient. Ainsi, tandis que, en 2019, moins de la moitié des interrogés (49 %) estimaient que la corruption ne concernait aucun agent ou seulement certains d'entre eux, ce point de vue était majoritaire (53 %) en 2022.

Sachant que le déploiement d'eTax et du SAFiG sont intervenus avant l'enquête réalisée en 2022, on peut suggérer que le processus de dématérialisation de l'administration fiscale a pu contribuer à ce que les citoyens perçoivent comme plus intègre le système de l'administration fiscale et les agents qui en relèvent.

Par ailleurs, tel qu'indiqué au cours de la revue de littérature, la dématérialisation de l'administration fiscale est censée s'accompagner d'une plus grande accessibilité à l'information pour les contribuables.

Or, de façon paradoxale, entre 2015 et 2022, une plus grande proportion des personnes interrogées estimait que se renseigner sur les impôts et les taxes dus était très difficile (43 % contre 37 % en 2015) ou difficile (43 % contre 40 %). Cela signifie que, même après la mise en ligne d'eTax, l'écrasante majorité de la population questionnée (86 %, soit près de neuf personnes sur dix) estimait qu'il était ardu de trouver des informations quant aux prélèvements obligatoires à régler.

Ces résultats peuvent sembler paradoxaux *a priori*. Néanmoins, le rapport réalisé à l'issue de l'évaluation TADAT fournit des pistes de réponse qui permettent de les expliquer. Par le biais de son site internet et des réseaux sociaux, la DGI communique certes sur de nombreux sujets ; toutefois, l'information n'y est pas actualisée de façon régulière et les modifications de la loi n'y font pas l'objet d'une communication ciblée. Ainsi, les internautes qui se rendent sur les plateformes animées par la DGI n'y trouvent pas nécessairement les informations utiles. De surcroît, l'enquête Afrobaromètre est conduite en milieu rural et en milieu urbain. Or, nous avons vu que dans les zones reculées, l'accès à internet est loin d'être garanti. De sorte que même si le site internet et les réseaux sociaux de la DGI étaient maintenus parfaitement à jour, tous les contribuables ne pourraient pas avoir accès à l'information. *A fortiori*, aucune ligne téléphonique de renseignements n'existe.

Graphique 6 : Enquêtes Afrobaromètre

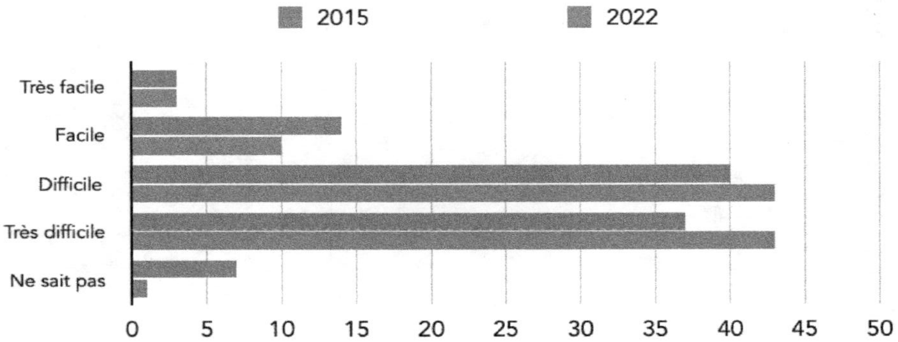

Réponses obtenues à la question : Selon votre expérience, à quel point est-il facile ou difficile de « Se renseigner sur les impôts et taxes que vous êtes tenus de payer à l'État »?

Sources : Afrobaromètre 2015 et 2022

Enfin, une autre réflexion formulée dans le rapport de l'évaluation TADAT est pertinente afin de comprendre l'impact de la digitalisation de l'administration fiscale sur la confiance que les contribuables lui portent. Le rapport établit que ce processus n'a pas véritablement permis un accroissement de la transparence de cette institution. En effet, à l'automne 2022, les résultats financiers et les rapports d'activité de la DGI étaient communiqués en interne, mais pas au public.

En définitive, le processus de digitalisation de l'administration fiscale a coïncidé avec une évolution positive du regard que les citoyens portent sur l'intégrité des personnels de cette institution, ce qui laisse penser que cela aurait pu y contribuer. En revanche, ce processus ne semble pas s'être traduit par une plus grande transparence du système, ni par une amélioration probante de l'accès à l'information. Dans l'ensemble, il semble donc que la digitalisation de l'administration fiscale n'a eu qu'un effet relatif sur la confiance que les contribuables portent à l'administration fiscale. Par voie de conséquence, on peut donc également supposer que le civisme fiscal n'a aussi été que peu impacté.

En plus de cette étude documentaire et statistique, nous avons réalisé quelques passations de questionnaire auprès de contribuables. Nous présenterons les résultats dans le chapitre suivant et verrons s'ils corroborent les résultats obtenus pour le moment.

IV. Discussion : limites et test des hypothèses

Au cours de cette partie, l'enjeu est de discuter des résultats de recherche obtenus en mettant en exergue leurs limites, ainsi que la manière dont ils permettent de répondre aux hypothèses précédemment formulées.

A. De multiples limites

Dans l'ensemble, lors de la réalisation de cette recherche statistique et documentaire, nous avons été confrontés à plusieurs types d'obstacle, qui en constituent aussi ses limites.

D'une part, l'évaluation des impacts de la digitalisation de l'administration fiscale a été rendue plus difficile en raison du peu de recul dont nous disposons à son égard, ainsi qu'en raison du fait que sa mise en œuvre a coïncidé avec la période de la crise de la COVID-19. En effet, cette dernière a eu un impact délétère retentissant sur l'activité économique de la République de Guinée, de sorte que les recettes fiscales collectées en 2020 (année de déploiement d'eTax) et au cours des années suivantes ont été négativement impactées. Ces irrégularités rendent plus difficile l'estimation de l'influence que la digitalisation de l'administration fiscale a eu sur le recouvrement des recettes fiscales. *A fortiori*, le changement de gouvernement intervenu suite au coup d'État qui s'est déroulé en 2021 constitue un autre élément qui peut avoir impacté certains résultats de recherche, sans qu'il ne soit possible de quantifier son influence.

D'autre part, cette évaluation a aussi été rendue plus difficile par le fait que nous ne disposions pas de toutes les données et de tous les indicateurs nécessaires. Sans références antérieures au début du processus de digitalisation, il est ardu de mesurer l'impact de ce dernier.

B. Apports de cette recherche et test des hypothèses

Malgré les limites qui viennent d'être mentionnées, la recherche documentaire et statistique présente un intérêt scientifique ; ne serait-ce parce qu'elle permet de poser un premier jalon dans la recherche au sujet de la digitalisation de l'administration fiscale guinéenne !

Tout d'abord, dans l'ensemble, elle a permis de tester les hypothèses initialement formulées, même si des réponses tranchées ne peuvent pas toujours être émises.

Concernant la première hypothèse, en se basant sur les chiffres, il ressort que la digitalisation de l'administration fiscale n'a pas permis d'augmenter significativement les recettes fiscales collectées. Cependant, en se basant sur la revue de littérature, il est légitime de supposer qu'elle a eu un impact bénéfique qui a contribué à atténuer les effets néfastes de la crise de la COVID-19 vis-à-vis des montants collectés. Cette thèse est corroborée par le fait que, en 2022, avec une reprise plus « normale » de l'activité économique, les objectifs fixés vis-à-vis de l'impôt sur les bénéfices des sociétés ont été largement dépassés. Les sociétés étant les bénéficiaires essentiels d'eTax, on peut supposer que la plus-value effectuée correspond à l'impact direct de la digitalisation de l'administration fiscale, qui montre ses effets. En somme, ce processus semble bel et bien avoir contribué à la bonne mobilisation des recettes fiscales même si, compte tenu de la crise de la COVID-19 et du déploiement limité de ces dispositifs numériques, les objectifs n'ont pas été totalement atteints.

La deuxième hypothèse n'a pas pu être vérifiée par l'analyse documentaire et statistique, dans la mesure où les données sur les recettes générées par les contrôles fiscaux ne font pas, à notre connaissance, l'objet de statistiques spécifiques. Cela dit, les données obtenues montrent que le *big data* et les recoupements d'informations automatiques sont encore très peu utilisés par l'administration fiscale, notamment en raison de bases de données lacunaires. Dès lors, on peut légitimement supposer que les opérations de contrôle fiscal ont pu connaître une relative amélioration, mais certainement pas aussi grande qu'elles n'auraient pu l'être si les bases de données étaient plus exhaustives.

La troisième hypothèse a été invalidée par notre recherche. En effet, cette dernière a montré que, hormis pour la TVA pour laquelle le nombre de contribuables a significativement augmenté en termes de proportion, le nombre de contribuables enregistré est globalement resté stable entre la période antérieure et celle postérieure au déploiement d'eTax et du SAFiG. On peut d'ailleurs ajouter que ce constat est sans doute corrélé à l'augmentation toute relative des recettes fiscales collectées : il est fort probable que, lorsque eTax sera déployé à l'ensemble de la population, l'augmentation du nombre de contribuables enregistrés coïncide avec une augmentation significative des recettes fiscales.

Enfin, les recherches ont montré que les citoyens pourraient globalement faire davantage confiance aux agents des autorités fiscales, par rapport à l'année 2019. Cependant, les données disponibles ne permettent pas d'être catégorique quant au rôle de la dématérialisation de l'administration fiscale vis-à-vis de cette transformation. *A fortiori*, la transparence et l'accès à l'information restent à améliorer afin d'optimiser le civisme fiscal des Guinéens.

V. Quel bilan ?

En définitive, dans l'ensemble, il nous semble que la dématérialisation de l'administration fiscale et le recours au *big data* ont eu des impacts modérés sur le recouvrement des recettes fiscales et sur le développement du civisme fiscal induit par une amélioration de la confiance portée à l'administration fiscale. On peut malgré tout conclure que la digitalisation de l'administration fiscale a contribué à une meilleure mobilisation des recettes fiscales par rapport à ce que cela n'aurait été durant la même période, marquée par la crise de la COVID-19.

Au-delà des difficultés citées liées à cette dernière, il nous semble que le défaut d'évolution observée est essentiellement dû au fait que les opportunités offertes par le numérique ne sont pas pleinement déployées. Étendre à l'ensemble des contribuables l'obligation de réaliser ses démarches fiscales et ses paiements en ligne permettrait sans aucun doute d'observer des impacts plus importants (encore faut-il néanmoins que l'ensemble de la population ait un accès à internet, afin de pouvoir se plier à cette obligation). Autrement dit, on peut s'attendre à ce que les impacts de la digitalisation de l'administration fiscale soient de plus en plus visibles à mesure que les solutions numériques soient déployées et démocratisées à l'ensemble des contribuables et des services de la DGI.

Le deuxième chapitre de cet ouvrage passera par une approche différente afin de tenter de mesurer l'impact du *big data* et de la dématérialisation de l'administration fiscale sur les performances de cette dernière. En effet, nous nous appuierons sur le résultat de questionnaires remplis par les personnels de la DGI et par des contribuables.

CHAPITRE II

UNE APPROCHE BASÉE SUR LES RÉSULTATS D'UN QUESTIONNAIRE

En complément de l'analyse documentaire et statistique, qui ne nous a permis d'estimer l'impact de la digitalisation de l'administration fiscale et du recours au *big data* que de façon partielle, cette partie s'appuie sur une enquête empirique réalisée auprès des personnels de la DGI et de contribuables. L'objectif de cette enquête est double : d'une part, déterminer les conséquences de la mise en place du SAFiG et d'eTax sur la performance et le travail quotidien des personnels de la DGI et, d'autre part, évaluer si ces solutions numériques ont contribué à augmenter la satisfaction des contribuables relevant du centre des moyennes (CIME) ou des grandes entreprises (CIGE).

Ce chapitre suivra la même structure que le précédent : préambule méthodologique, présentation et analyse des résultats, discussion autour de ces derniers et bilan.

I. Préambule méthodologique

Cette première partie permettra de formuler nos hypothèses et de préciser le mode d'enquête utilisé.

A. Hypothèses de recherche issues de la revue de littérature

À la lumière de la revue de littérature, mais aussi de l'étude statistique et documentaire déjà réalisée, nous formulons les hypothèses de recherche suivantes à propos de l'impact du déploiement du SAFiG et d'eTax sur le travail des personnels de la DGI et sur la satisfaction des contribuables :

Hypothèse n°1 : Les personnels de la DGI réalisent de façon plus performante leur travail ;
Hypothèse n°2 : Les possibilités offertes par le SAFiG et eTax ne sont pas pleinement exploitées et certaines tâches demeurent non automatisées et réalisées manuellement ;
Hypothèse n°3 : eTax a amélioré la satisfaction des contribuables relevant du CIME et du CIGE.

B. Le questionnaire à choix multiples comme mode de collecte des données

Afin de vérifier nos hypothèses de recherche, nous avons opté pour la passation de questionnaires à choix multiples (QCM) (voir en annexe). Ainsi, notre étude s'inscrit dans une démarche quantitative, au sens où nous avons cherché à obtenir le plus de réponses possible afin d'évaluer l'impact de la digitalisation de l'administration fiscale par rapport à plusieurs indicateurs.

Pour le questionnaire adressé aux personnels de la DGI, ces indicateurs sont orientés autour de trois grands enjeux :

- Mesure de la manière dont la plateforme eTax et le SAFiG ont modifié les habitudes de travail des personnels ;
- Mesure de l'amélioration du travail réalisé par les personnels ;
- Difficultés rencontrées vis-à-vis de l'usage d'eTax et du SAFiG.

Pour le questionnaire adressé aux contribuables, les trois enjeux ciblés par les questions sont les suivants :

- Mesure de la facilité d'utilisation d'eTax ;
- Mesure de la manière dont eTax a simplifié les démarches fiscales ;
- Mesure de la manière dont eTax a rendu plus simple les échanges entre les contribuables et les personnels de la DGI.

Les résultats des questionnaires seront respectivement analysés en fonction de ces indicateurs.

Enfin, il convient de préciser que, pour chaque question, les enquêtés ont eu la possibilité d'ajouter un commentaire. Nous avons ainsi pu recueillir des précisions complémentaires, dont nous ferons état au cours de la présentation et de l'analyse des résultats.

C. La passation des questionnaires

En diffusant notre questionnaire, notre objectif était de solliciter un maximum de répondants potentiels afin d'accroître nos chances d'obtenir un volume important de réponses. Ainsi, afin de diffuser les questionnaires aux personnels de la Direction générale Impôts et aux contribuables, nous sommes passés par l'intermédiaire du Directeur général à travers sa Direction de Système informatique. Ce dernier a diffusé le questionnaire aux personnels et aux contribuables du CIME et du CIGE par voie électronique. Les questionnaires complétés nous ont ensuite été renvoyés par le biais de la Direction générale.

Compte tenu du mode de passation des questionnaires, nous avons été très vigilants lors de l'élaboration des questionnaires, afin que ces derniers soient aisément compréhensibles et qu'ils ne laissent pas de place à l'ambiguïté. Nous avons également fait en sorte que la durée de remplissage soit courte, afin de maximiser nos chances d'obtenir des retours. Autrement dit, le questionnaire a été adapté en fonction du mode de passation du questionnaire.

La collecte des données s'est étendue sur un mois.

Enfin, les questionnaires sont tous anonymes. Ce point était primordial afin d'obtenir les réponses les plus sincères possible : aucun des répondants n'avait à se soucier de la perception qu'autrui aurait de ses réponses, puisque personne n'était au courant. À cet égard, le fait que les enquêtés aient rempli leur questionnaire en autonomie est une garantie supplémentaire de la sincérité de leurs réponses (pas d'influence extérieure).

II. Présentation et analyse du profil des répondants et des résultats

La présentation et l'analyse des résultats des questionnaires sont scindées en deux parties : nous porterons notre attention sur les réponses obtenues auprès des contribuables, puis sur celles issues des membres du personnel de la DGI.

A. L'enquête réalisée auprès des contribuables de la DGI

1. Profil des répondants

Le questionnaire a été transmis à tous les contribuables enregistrés relevant du CIME et du CIGE, c'est-à-dire à tous les contribuables auxquels s'applique l'obligation d'effectuer les démarches fiscales et le paiement par le biais d'eTax. Au total, nous avons collecté cent trente (130) questionnaires remplis.

Soixante-dix-neuf (79) des répondants travaillent au sein de moyennes entreprises et vingt et un (21) répondants, au sein d'une grande entreprise. Toutes ces sociétés sont installées en zone urbaine. À l'unanimité, les répondants ont déclaré beaucoup utiliser la technologie en dehors de leur travail (internet, ordinateur, mobile…).

Cependant, si quatre-vingt-onze (91) d'entre eux se disent être à l'aise avec l'usage de la technologie, les neuf (9) autres ont signifié qu'ils ne se sentaient pas trop à l'aise. Ces précisions sont à conserver à l'esprit, puisque nous allons maintenant porter notre attention sur les réponses ayant trait à la facilité d'utilisation d'eTax.

2. Évaluation de la facilité d'utilisation d'eTax

Les retours quant à la facilité d'utilisation d'eTax sont très positifs. En effet, tous les répondants ont déclaré être d'accord avec l'affirmation « Je me sens à l'aise avec l'usage d'eTax. ». Étant donné que les neuf (9) enquêtés ont mentionné ne pas être très à l'aise avec la technologie, les réponses collectées suggèrent que la plateforme est véritablement facile d'usage.

3. eTax simplifie-t-il effectivement les démarches fiscales ?

De même, d'après les réponses obtenues, eTax semble avoir globalement fluidifié la réalisation des démarches fiscales pour les contribuables.

En effet, 100 % des répondants ont déclaré que l'usage de cette plateforme a rendu à la fois plus simples et plus rapides les démarches fiscales pour leur entreprise. Tous ont aussi confirmé que les solutions de paiement en ligne proposées leur convenaient. De surcroît, ils ont tous affirmé qu'ils payaient plus rapidement et plus facilement leurs impôts/taxes depuis qu'ils utilisent eTax.

4. eTax simplifie-t-il les relations avec l'administration fiscale ?

De façon complémentaire, d'après tous les répondants, eTax a facilité leurs échanges avec l'administration fiscale. En revanche, il semble que le support d'aide pour l'usage de la plateforme puisse être amélioré. En effet, par rapport à l'affirmation : « Quand je rencontre une difficulté avec eTax, il m'est facile d'obtenir de l'aide. », quarante et un (41) des répondants ont déclaré « d'accord » et les cinquante-neuf (59) autres « plutôt d'accord », laissant entrevoir une marge d'amélioration.

5. Bilan : une amélioration de la satisfaction des contribuables ?

Dans l'ensemble, les retours des contribuables par rapport à l'usage d'eTax s'avèrent extrêmement positifs. Tous se sont dit satisfaits de cet outil numérique et leurs réponses ont montré que son usage a un impact positif sur la réalisation des démarches fiscales, sur le paiement des impôts/taxes et sur leurs relations avec l'administration fiscale (quoique le support d'aide à l'utilisation d'eTax semble être perfectible).

En complément, on peut souligner que tous les contribuables interrogés identifient eTax comme « une solution sécuritaire et fiable pour gérer la fiscalité de la République de Guinée ». Ainsi, on peut suggérer que cette solution numérique contribue à améliorer l'image du système fiscal guinéen vis-à-vis de ses contribuables.

Un commentaire émis par l'un des répondants laisse entendre que le déploiement de cette solution numérique a été perçu comme une avancée. Elle semble répondre aux besoins du contribuable en question : « *Le système de perception, de mobilisation des recettes fiscales d'avant eTax était peu rassurant. Depuis la mise en place de cet outil digital, je peux télédéclarer et télépayer mes impôts de partout. C'est un outil assez efficace et rassurant.* »

Après avoir analysé les questionnaires remplis du point de vue des contribuables, nous allons nous intéresser à ceux remplis par des membres du personnel de la DGI.

B. L'enquête réalisée auprès du personnel de la DGI

1. Profil des répondants

Au total, nous avons collecté 30 questionnaires remplis.

Parmi les interrogés, 26 % sont des femmes et 74 %, des hommes. 59 % ont un âge compris entre 25 et 40 ans, 38 % ont entre 40 et 60 ans et 3 % ont plus de 60 ans. Ainsi, ils présentent des profils assez divers.

Par ailleurs, au niveau professionnel, 29 % des interrogés sont des agents de la DGI, tandis que la majorité (71 %) a le statut de cadre. Parmi eux, plusieurs sont des responsables. De plus, 38 % des répondants travaillent à la DGI depuis 2 à 6 ans et les autres (62 %), depuis plus de six ans. Ainsi, tous les répondants ont été témoins de la transformation digitale et peuvent comparer leur activité avant et après le déploiement du SAFiG et d'eTax. Enfin, 100 % des répondants travaillent en zone urbaine.

En termes de rapport à la technologie, la grande majorité (78 %) a déclaré beaucoup utiliser la technologie en dehors de son travail, 14 %, « un peu » et 8 %, « pas beaucoup ».

2. Portée de l'impact du déploiement d'eTax et du SAFiG sur les habitudes de travail des personnels de la DGI

Au cours de la revue de littérature, il a été mis en exergue que le déploiement de solutions numériques au sein d'une institution ne se traduit pas nécessairement par leur usage effectif par les personnels. Dès lors, il convient de se demander dans quelle mesure les outils eTax et SAFiG ont été adoptés par les personnels de la DGI et comment ils ont impacté les habitudes quotidiennes de ces derniers.

Tout d'abord, de façon significative, environ 94 % des répondants ont déclaré utiliser le SAFiG quotidiennement. Parmi les quelques interrogés qui ont répondu par la négative, un a précisé qu'il utilise bel et bien le SAFiG mais que son poste le dispense de l'utiliser de façon quotidienne. Ainsi, il semble que ce logiciel est rentré dans les habitudes de travail du personnel.

Néanmoins, l'usage du SAFiG ne semble pas avoir complètement supplanté les procédures manuelles. Parmi les individus qui utilisent quotidiennement le SAFiG, 86 % continuent à réaliser certaines procédures sur papier. D'après les commentaires collectés, les procédures concernées seraient : les contrôles sur pièces, les taxations d'office et les mises en demeure pour non-déclaration d'impôts. Par ailleurs, parmi les 15 personnes qui ont répondu à la question, une majorité (60 %) a indiqué pouvoir faire ces procédures par le biais du SAFiG. Ainsi, les démarches papier et numériques cohabitent. Les réponses obtenues laissent supposer que certains membres du personnel pourraient se sentir plus à l'aise avec les procédures papier. Nous reviendrons sur cet enjeu ultérieurement.

Enfin, même si procédures papier et numériques cohabitent, dans l'ensemble, la grande majorité des personnes interrogées estiment que le SAFiG et eTax ont beaucoup transformé leur travail. En effet, 67 % des répondants se sont déclarés d'accord avec cette affirmation et 18 %, plutôt d'accord, les 15 % restants ont coché la case « neutre » du QCM.

En définitive, le personnel de la DGI semble bel et bien avoir adopté les outils numériques qui leur ont été proposés dans le cadre de leur travail quotidien, même si certaines procédures papier demeurent en usage. Le SAFiG et eTax semblent avoir eu un impact véritable sur leur travail. Dès lors, il convient de se demander si l'utilisation de ces outils a permis une amélioration de leur performance, de la qualité de leur travail ?

3. Une amélioration du travail réalisé par les personnels ?

Plusieurs questions ont été posées aux membres du personnel afin d'évaluer dans quelle mesure ils estiment que le SAFiG et eTax ont amélioré la qualité du travail qu'ils effectuent.

Tout d'abord, presque tous les répondants (90 %) sont d'accord pour affirmer que ces solutions numériques leur permettent de gagner du temps dans leur travail ; 6 % sont plutôt d'accord avec cette affirmation et seuls 4 % ont émis un avis neutre.

De même, dans l'ensemble, le personnel a répondu qu'il considère mieux identifier les personnes qui tentent de faire de la fraude fiscale grâce à ces outils. En effet, 55 % des répondants sont d'accord avec cette affirmation et 30 %, plutôt d'accord

soit un total de 85 %. Aucun membre du personnel ne s'est déclaré en opposition avec cette idée.

Bien qu'elles soient globalement positives, les réponses collectées au sujet de l'impact du SAFiG et d'eTax sur la qualité des prestations apportées aux contribuables sont plus hétérogènes. En effet, 67 % et 18 % des répondants sont respectivement d'accord et plutôt d'accord pour dire qu'ils aident mieux les contribuables depuis qu'ils utilisent ces moyens technologiques. Cependant, 6 % et 3 % sont respectivement plutôt pas d'accord et pas d'accord avec cette affirmation.

Graphique 7 : Enquêtes auprès du personnel de la DGI

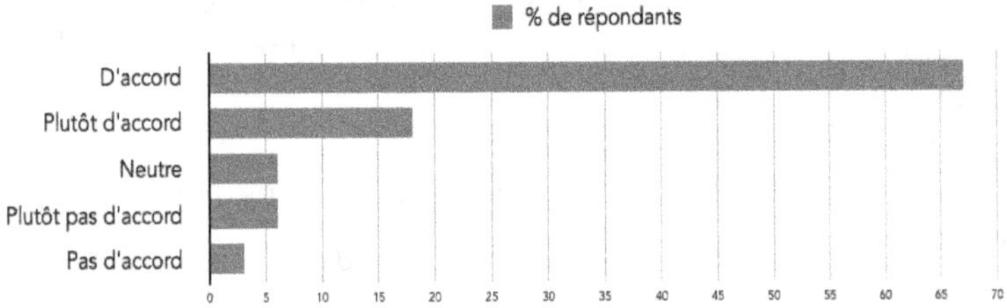

Réponses obtenues vis-à-vis de l'affirmation : « J'aide mieux les contribuables depuis que j'utilise le SAFiG et eTax »

Au final, 83 % des personnes interrogées sont d'accord pour affirmer que le SAFiG et eTax leur permettent de mieux réaliser leur travail et 10 % sont plutôt d'accord avec cette affirmation. Ainsi, ces outils numériques semblent avoir eu un impact positif sur la performance des agents et des cadres de la DGI, même si certains estiment qu'ils n'aident pas pour autant mieux les contribuables.

4. Les difficultés rencontrées par le personnel

Jusqu'à présent, les résultats d'enquête montrent que le personnel perçoit très positivement l'impact du SAFiG et d'eTax sur son travail. Cependant, les questionnaires ont aussi permis d'identifier certaines difficultés qu'il rencontre.

Tout d'abord, dans l'ensemble, le personnel s'est déclaré se sentir à l'aise avec l'usage d'eTax et du SAFiG. En effet, pour eTax, 79 % des répondants se sont dits d'accord ou plutôt d'accord avec cette idée et, pour le SAFiG, cette proportion monte à 88 %. Cela dit, deux des répondants ont déclaré ne plutôt pas se sentir à l'aise avec le SAFiG, c'est-à-dire avec leur outil de travail quotidien.

A fortiori, beaucoup semblent éprouver des difficultés techniques avec l'usage du SAFiG et d'eTax. Cette situation concerne plus des trois quarts des répondants et seuls 12 % ne semblent rencontrer aucune difficulté technique avec ces outils.

Graphique 8 : Enquêtes auprès du personnel de la DGI

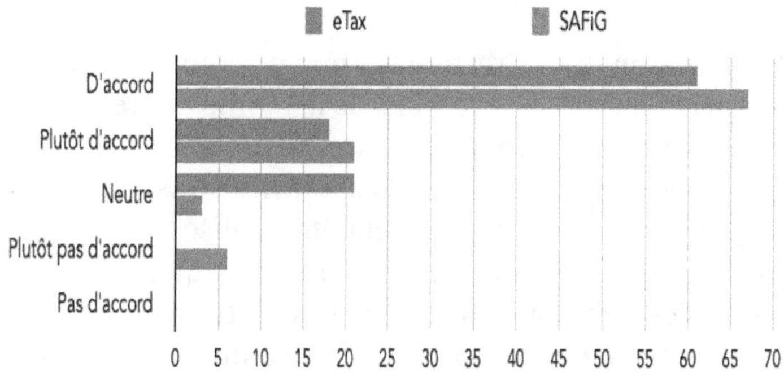

Réponses obtenues vis-à-vis du sentiment de confort du personnel vis-à-vis de l'usage du SAFiG et d'Tax
(en % de répondants)

Graphique 8 : Enquêtes auprès du personnel de la DGI

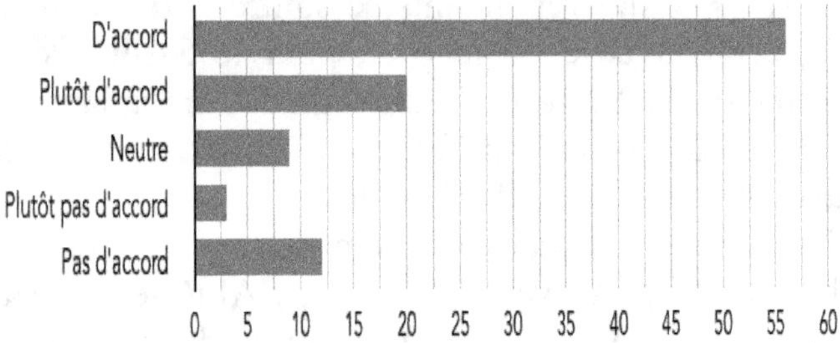

Réponses obtenues vis-à-vis de l'affirmation : « Je rencontre des difficultés techniques avec l'usage du SAFiG et d'eTax. ».
(en % de répondants)

L'évocation de ces difficultés invite à s'interroger sur la question de la formation. Moins de la moitié des répondants (41 %) estiment véritablement être suffisamment formés et 15 % se sentent insuffisamment formés. Ces statistiques suggèrent que des efforts peuvent être réalisés au niveau de la formation du personnel. D'autant plus que l'écrasante majorité des personnes questionnées s'est dit vouloir être davantage formée à l'usage d'eTax et du SAFiG : 88 % étaient d'accord avec cette affirmation et 9 % plutôt d'accord.

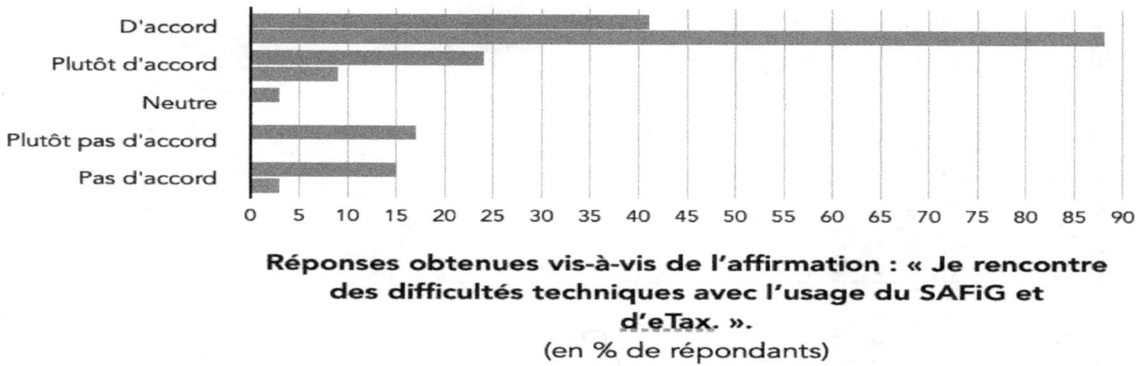

Graphique 9 : Enquêtes auprès du personnel de la DGI

Enfin, il semble que les moyens matériels peuvent faire défaut et entraver la réalisation du travail par le biais du SAFiG et d'eTax. En effet, 25 % et 13 % des

répondants se sont respectivement déclarés ne pas être en accord et être plutôt en désaccord avec l'affirmation selon laquelle ils disposent des moyens matériels nécessaires pour réaliser leur travail au mieux avec le SAFiG et eTax. Seuls 9 % des individus interrogés estiment être dotés des moyens nécessaires. Une étude plus approfondie des réponses obtenues montre qu'il ne semble pas exister de distinction entre les agents et les cadres vis-à-vis de cette évaluation : autrement dit, il y a aussi bien des cadres que des agents qui estiment avoir les moyens nécessaires et d'autres qui estiment ne pas en disposer.

Graphique 10 : Enquêtes auprès du personnel de la DGI

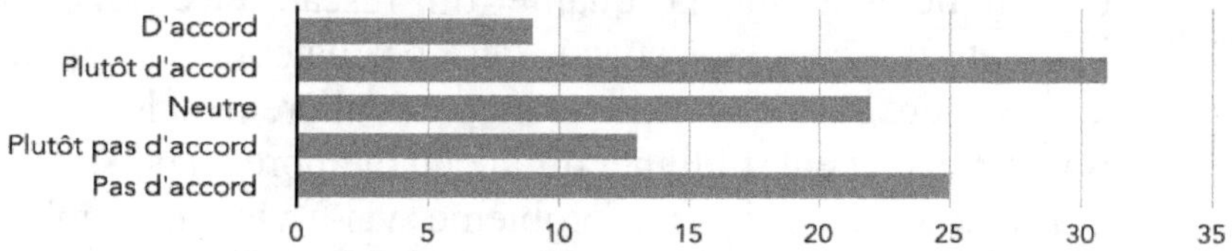

Réponses obtenues vis-à-vis de l'affirmation : « Je dispose des moyens matériels pour réaliser mon travail au mieux avec le SAFiG et eTax » (en % de répondants)

Certains commentaires ajoutés par des répondants mettent en exergue que les difficultés matérielles portent essentiellement sur la qualité du réseau électrique et internet, et sur la vétusté des ordinateurs. On peut comprendre que ces derniers sont particulièrement lents. En revanche, on peut souligner qu'aucun membre du personnel n'a pointé du doigt un problème vis-à-vis du nombre d'ordinateurs disponibles. Cependant, le fait que cette information ne figure pas parmi les réponses reçues ne signifie pas que ce problème est inexistant.

5. Quel bilan établir vis-à-vis de l'amélioration de la performance du personnel ?

Dans l'ensemble, les réponses obtenues de la part des agents et des cadres de la DGI suggèrent que le déploiement du SAFiG et d'eTax a significativement impacté leur travail quotidien. Le SAFiG est chaque jour utilisé par une grande partie d'entre eux. Plus encore, ces outils ont permis d'améliorer leurs performances, dans la mesure où ils leur permettent notamment d'effectuer leurs tâches plus rapidement et de mieux identifier les fraudeurs. Dans l'ensemble, le personnel estime aussi mieux aider les contribuables.

Cela dit, des marges d'amélioration ont été déterminées. Tout d'abord, certes, le personnel tend à se sentir à l'aise avec l'utilisation d'eTax et du SAFiG, cependant, une part non négligeable estime ne pas être suffisamment formée et rencontre des difficultés techniques. Plus encore, les moyens matériels (réseaux électriques et internet défaillants, ordinateurs peu performants…) semblent pouvoir constituer un obstacle au plein déploiement des potentiels d'eTax et du SAFiG. Ces éléments peuvent probablement expliquer pourquoi, pour l'heure, les procédures papier cohabitent avec les procédures numériques.

III. Discussion : limites et test des hypothèses

Dans cette partie, nous montrerons comment les réponses obtenues aux questionnaires ont permis de faire avancer notre recherche et de tester nos hypothèses. Nous préciserons aussi les limites de cette recherche empirique.

A. Apports de cette recherche et test des hypothèses

Dans l'ensemble, l'analyse des questionnaires remplis par les contribuables et par les personnels relevant du CIME et du CIGE a permis de valider les trois hypothèses de recherche que nous avions formulées au préalable.

D'une part, ces questionnaires montrent que le personnel réalise bel et bien son travail de façon plus performante grâce au SAFiG et à eTax. Ces derniers lui permettent de gagner du temps, de mieux faire son travail et de mieux identifier les fraudeurs.

D'autre part, les réponses obtenues ont permis de mettre en exergue que, bien que le SAFiG fasse désormais partie intégrante du quotidien des personnels, certaines tâches demeurent effectuées manuellement, même si la possibilité de les faire informatiquement existe. Ce constat confirme que les possibilités offertes par le SAFiG et eTax ne sont pas pleinement exploitées. Plus encore, cette enquête a permis d'identifier certaines pistes afin de remédier à cette situation : amélioration de la connexion internet, modernisation du parc informatique, mise en place de formations… Ces pistes constituent autant de leviers susceptibles de permettre au personnel de se sentir plus à l'aise avec ces outils.

Enfin, la dernière hypothèse est aussi validée : eTax a amélioré la satisfaction des contribuables relevant du CIME et du CIGE interrogés. Cette plateforme leur permet désormais de réaliser leurs démarches et leurs paiements plus rapidement et plus simplement. De surcroît, ils perçoivent cette façon de procédé comme étant plus sécuritaire par rapport à ce qui était en place auparavant. Cela a aussi eu un impact positif sur leur communication avec le personnel de la DGI, même si tous les membres de ce dernier n'estiment pas que le SAFiG et eTax leur permettent de mieux aider les contribuables dont ils s'occupent.

B. Les limites de cette recherche

Les résultats de notre recherche présentent un intérêt certain dans la mesure où il s'agit des premiers retours d'expériences collectés auprès du personnel de la DGI et des contribuables après le déploiement d'eTax et du SAFiG. Néanmoins, il convient de souligner que cette recherche présente trois limites majeures.

Tout d'abord, concernant l'enquête réalisée auprès des contribuables, nous avons volontairement limité à cent trente (130) notre échantillon de répondants, bien que largement inférieur au volume du répertoire de CIME et de CIGE. De sorte que les résultats de notre enquête apparaissent toutefois comme relativement raisonnable. Cela dit, il nous semble que les retours reçus sont dotés d'un intérêt et ce d'autant plus qu'ils sont unanimes. Ils révèlent, *a minima*, ce que certains contribuables pensent de la digitalisation de l'administration fiscale.

Par ailleurs, une autre limite renvoie au fait que tous les répondants sont en zone urbaine. En effet, au cours de la revue de littérature, nous avons montré que les habitants des zones rurales sont moins bien lotis en termes d'accès à internet et à l'électricité. Ainsi la digitalisation n'a pas encore touché les établissements de l'administration fiscale situés dans les zones plus reculées. En définitive, nos résultats de recherche ne sont valables que pour les zones où le SAFiG et eTax ont effectivement été déployés.

Enfin, la dernière limite est inhérente à toutes les enquêtes qui se fondent sur les dires des individus : la validité de nos résultats est dépendante du fait que les personnes enquêtées ont répondu sincèrement. Le fait que les enquêtes sont anonymes et qu'aucune pression n'a été exercée sur les répondants devraient garantir la fiabilité des réponses obtenues.

IV. Quel bilan ?

L'enquête réalisée par le biais de la passation de QCM auprès de contribuables et de membres du personnel de la DGI relevant tous du CIME et du CIGE a permis de porter un regard complémentaire sur l'impact du recours au *big data* et de la digitalisation de l'administration fiscale sur la performance de cette dernière. En effet, le personnel semble percevoir une réelle différence positive sur son travail quotidien.

De même, les contribuables interrogés qui utilisent eTax ont affirmé que cet outil facilite leurs démarches et leur communication avec l'administration fiscale.

Dès lors, on peut s'étonner de ne pas avoir perçu davantage cette différence lorsque nous avons réalisé l'étude statistique et documentaire. À notre avis, cet écart est dû au fait que les questionnaires ont ciblé les personnes effectivement concernées par l'utilisation du SAFiG et d'eTax, tandis que les statistiques et les rapports étudiés portaient sur tous les contribuables et sur l'administration fiscale dans son ensemble. Autrement dit, selon nous, le fait que, pour l'heure, la digitalisation de l'administration fiscale ne concerne qu'une partie de ses services et qu'une faible proportion des contribuables explique que ses impacts ne sont pas perceptibles à une échelle d'ensemble. Cela est aussi cohérent avec le fait que, en 2022, nous avons constaté une hausse des recettes générées par l'impôt sur les bénéfices des sociétés, qui correspondent justement aux contribuables qui utilisent eTax.

Enfin, il apparaît clairement que des améliorations peuvent être apportées afin que les potentialités du SAFiG et d'eTax soient pleinement exploitées.

CONCLUSION DE LA PARTIE II

La partie empirique de cet ouvrage s'est scindée en deux étapes.

Au cours d'un premier temps, nous nous sommes appuyés sur des statistiques et sur des rapports documentaires qui concernent l'ensemble de la population guinéenne et l'ensemble de l'administration fiscale. Cette approche n'a permis de distinguer qu'un faible impact du recours au *big data* et de la dématérialisation de l'administration fiscale sur le montant des recettes fiscales collectées et sur la confiance portée par les citoyens à cette institution (même s'il semble effectivement que cette dernière a légèrement augmenté au cours de ces trois dernières années). Le fait que le déploiement d'eTax et du SAFiG s'est déroulé en même temps que le dérèglement de l'économie dû à la crise de la COVID-19 a constitué un frein important pour notre étude statistique. En portant notre attention plus précisément sur l'année 2022, nous avons cependant identifié plusieurs indicateurs qui laissent effectivement suggérer que les outils numériques déployés depuis 2020 contribuent à une meilleure mobilisation des recettes fiscales.

Ainsi, dans un deuxième temps, nous avons adopté une autre stratégie afin de tenter d'évaluer les conséquences de la dématérialisation de l'administration fiscale. Les QCM remplis par des contribuables, par des responsables et par des membres du personnel de la DGI relevant du CIME et du CIGE ont montré que ce processus avait bel et bien amélioré la performance de la DGI. Les contribuables ont davantage confiance et ils réalisent leurs démarches et leurs paiements plus aisément. Quant au personnel, le SAFiG et eTax optimisent leur travail.

Dans l'ensemble, la dématérialisation de l'administration fiscale semble prometteuse. Néanmoins, il ressort que des améliorations peuvent être apportées afin d'accroître la portée de ses effets : un effort devrait être réalisé vis-à-vis de la constitution de bases de données plus étoffées, de la connexion internet, de la formation des agents et de la modernisation du parc informatique de la DGI.

Conclusion générale

Trois ans après le début du déploiement des solutions informatiques eTax et SAFiG, et de l'obligation pour les moyennes et les grandes entreprises de réaliser leurs procédures fiscales et leurs paiements en ligne, cet ouvrage s'est proposé de dresser un premier bilan de l'impact de la digitalisation de l'administration fiscale guinéenne. Plus précisément, notre objectif était de répondre à la problématique : en République de Guinée, dans quelle mesure le processus de digitalisation et le recours au *big data* améliorent-ils l'efficience et l'efficacité de l'administration fiscale en vue d'augmenter la pression fiscale de ce pays et la satisfaction des contribuables ?

La revue de littérature a tout d'abord permis de réaliser un état des lieux de la situation en République de Guinée. Elle a aussi permis de déterminer les opportunités que la digitalisation et le recours au *big data* pouvaient amener : augmentation du civisme fiscal, amélioration des procédures, gain de temps, meilleure détection des fraudes et, *in fine*, augmentation du montant des recettes fiscales collectées et de la pression fiscale.

La partie suivante, dédiée à notre enquête empirique, s'est appuyée sur une enquête documentaire et statistique. Cette dernière a montré que, si à l'échelle globale, aucune différence significative n'est observable, l'année 2022 permet néanmoins de montrer que eTax et le SAFiG contribuent à une meilleure mobilisation des recettes. De plus, cette partie s'est aussi appuyée sur une enquête de terrain qui s'est traduite par la collecte de QCM remplis par des contribuables, par des responsables et par des membres du personnel du CIME et du CIGE. Cette enquête suggère que, pour les personnels et les contribuables effectivement concernés par la digitalisation de l'administration fiscale, cette dernière a un impact véritablement positif sur leurs activités : gain de temps, procédures plus faciles et plus sécuritaires, meilleure communication…

Ces résultats prometteurs invitent à poursuivre le déploiement du SAFiG et d'eTax à plus grande échelle et à résoudre les difficultés auxquelles les utilisateurs actuels sont confrontés. Ainsi, un centre d'aide dédié à eTax pourrait être mis en place, ainsi qu'une formation pour le personnel. La modernisation du parc informatique de la DGI est aussi souhaitable. Enfin, il ressort que l'accès à une connexion internet fiable est indispensable afin d'exploiter pleinement les possibilités offertes par internet. Cette dernière remarque permet de rappeler que les enjeux de la digitalisation de l'administration fiscale vont bien au-delà de cette institution.

En définitive, grâce aux efforts poursuivis par la DGI, à la correction des dysfonctionnements identifiés au cours de cette étude, à la démocratisation d'eTax et du SAFiG et à un retour « à la normale » de l'activité des entreprises, l'exploitation de l'ensemble des potentiels du *big data* et des TIC devrait permettre à l'administration fiscale de gagner encore en performance et à la République de Guinée, d'accroître sa pression fiscale.

Références / Bibliographie

Africa data protection, juin 2022, *Bulletin d'information sur la protection des données en Afrique*, n°1.

AFR Baromètre, 2016, *Résumé des résultats : Sixième série de l'Enquête Afrobaromètre Guinée*, 2015.

AFR Baromètre, 2018, *Résumé des résultats : Sixième série de l'Enquête Afrobaromètre Guinée*, 2017.

AFR Baromètre, 2020, *Résumé des résultats : Sixième série de l'Enquête Afrobaromètre Guinée*, 2019.

AFR Baromètre, 2023, *Résumé des résultats : Sixième série de l'Enquête Afrobaromètre Guinée*, 2022.

Akhannich, Otmane, Fatiha Benamar, Imad Benamar, Imad Ait Lhassan, Oumayma Bedraoui, 2022, « Essai d'évaluation de la satisfaction des usagers des e-services de l'administration fiscale marocaine pendant la pandémie de Covid-19 », *International Journal of Accounting, Finance, Auditing, Management and Economics*, 2 :2, pp. 516-532.

Algan, Yann, Maya Bacache-Beauvallet et Anne Perrot, 2016, « Administration numérique », *Notes du Conseil d'Analyse économique*, 7 : 34, pp. 1-12.

Assouline, Anne-Valérie Attias, et Guillaume Glon, 2018, « Fiscalité du digital, digitalisation de la fiscalité », *Revue d'économie financière*, 3 : 131, pp. 217-232.

ATAF, 2020, *Contrôles et recettes fiscales dans les pays participants des perspectives fiscales africaines (PFA) : que faut-il faire de plus ?*, Département de recherche de l'ATAF.

Atanasijević, Jasna, Dušan Jakovetić, Nataša Krejić, Nataša Krklec-Jerinkić et Dragana Marković, 2018, « Using big data analytics to improve efficiency of tax collection in the tax administration of the Republic of Serbia », *Ekonomika Preduzeca*, pp. 115-130.

Bastin, Gilles, et Paola Tubaro, 2018, « Le moment big data des sciences sociales », *Revue française de sociologie*, 3 : 59, pp. 375-394.

Bertrand, Morgane, 2017, « La protection des données personnelles comme mode de régulation du big data en protection sociale complémentaire », *Revue française des affaires sociales*, 4, pp. 57-78.

Besley, Timothy et Torsten Persson, 2009, *State Capacity, Conflict and Development,* London : London School of Economics.

Bolivar, Manuel Pedro Rodríguez, Carmen Caba Pérez et Antonio M. López Hernández, 2007, « E-Government and Public Financial Reporting : The Case of Spanish Regional Governments », *The American Review of Public Administration*, 37 : 2, pp. 142-177.

Caron, Émilie, 2021, « Le Big Data fiscal : quelles conséquences pour le contrôle fiscal et les contribuables ? », *Gestion et finances publiques,* 6 : 6, pp.77-83.

Commission économique pour l'Afrique des Nations Unies, 2014, *Note d'orientation : L'évaluation de l'administration électronique, instrument politique clef pour le développement de la société de l'information.*

Coulibaly, Mélama, 2014, Les TICE en Afrique : entre démocratisation de l'éducation et accentuation des inégalités, *Adjectif*, https://adjectif.net/spip.php?article317

CUA/OCDE, 2021, *Dynamiques du développement en Afrique 2021 : Transformation digitale et qualité de l'emploi, CUA,* Addis Abeba/Éditions OCDE, Paris, https://doi.org/10.1787/cd08eac8-fr

Dempsey, James X., 2003, « What E-Government Means for Those of Us Who Cannot Type », *Local Government Brief.*

Diallo, Thierno Amado Tidiane, 2021, *Transformation numérique dans l'enseignement à distance en République de Guinée : cas de l'Institut Supérieur de Formation à distance (ISFAD)*, Thèse de doctorat en scènes de l'information et de la communication, sous la direction de Brigitte Simonnot et de Luc Massou, Université de Lorraine.

Dony, Sébastien et Christophe Maurel, 2022, « La digitalisation, un levier de gestion de l'austérité dans les collectivités locales ? », *Gestion et management public*, 10 : 2, pp. 9-31.

Ettahiri, Lahcen et Lotfi Benazzou, 2022, « La digitalisation au service de la performance de l'administration fiscale au Maroc : cas de la mobilisation des recettes fiscales », *International Journal of Accounting, Finance, Auditing, Management & Economics,* 3 : 2-1, pp. 120-136.

FMI, 2021, *Mission d'assistance technique en matière d'administration fiscale auprès de la Direction générale des Impôts de la Guinée.*

Frimousse, Soufyane et Jean-Marie Peretti, 2017, « Comment accompagner la transformation digitale des entreprises en Afrique ? », *Questions de management*, 3 : 18, pp. 199-225.

Guignard, Thomas, non daté, « Données personnelles et plates-formes numériques : l'économie numérique de l'Afrique sub-saharienne à l'épreuve de la mondialisation » https://www.academia.edu/34888559/Donn%C3%A9es_personnelles_l_%C3%A9conomie_num%C3%A9rique_de_l_Afrique_sub_saharienne_%C3%A0_l_%C3%A9preuve_de_la_mondialisation

Haafst, Robert, 2017, *The Effect of Digitalisation on Corruption : A longitudinal global analysis*, Hogeschool-Universiteit Brussel

Habboul, Lilia, 2022, « Fibre optique. La Guinée investit gros », *L'Observateur*,

https://lobservateur.info/article/104623/afrique/fibre-optique-la-guinee-investit-gros

Halachmi, Arie, 1996, « Business process reengineering in the public sector: Trying to get another frog to fly? », *Global Business and Organizational Excellence,* 15 : 3, pp. 9-18.

HEOL, Nicolas et al., 2022, *Rapport d'évaluation de la performance : République de Guinée*.

Janssen, Marijn, et Elsa Estevez, 2013, Lean government and platform-based governance—Doing more with less, *Government Information Quarterly*, 30, pp. S1-S8.

Kinda, Harouna, 2019, « L'usage du Big Data (BD) appliqué à l'optimisation des fonctions de l'administration fiscale : les enseignements tirés de la littérature », https://www.researchgate.net/profile/Harouna-Kinda/publication/340373631_L'usage_du_Big_Data_BD_applique_a_l'optimisation_des_fonctions_de_l'administration_fiscale_les_enseignements_tires_de_la_litterature/links/5e853d15a6fdcca789e8d6be/Lusage-du-Big-Data-BD-applique-a-loptimisation-des-fonctions-de-ladministration-fiscale-les-enseignements-tires-de-la-litterature.pdf

Kitony, Gladys, 2019, « Unlocking revenue administration potential : Case of the Kenya Revenue Authority (KRA) Digital Transformation Journey », *Case study,* OCDE.

Kuteyi, Damilola et Herwig, Winkler, 2022, « Logistics Challenges in Sub-Saharan Africa and Opportunities for Digitalization », *Sustainability*, 14 : 2399, https://doi.org/10.3390/ su14042399

Lorino, Philippe, 1999, « À la recherche de la valeur perdue : construire les processus créateurs de valeur dans le secteur public », *Politiques et management public*, 17 : 2, pp. 21-34.

Mignot, Océane, 2019, *La Transformation digitale des entreprises,* Paris : Maxima.

Milimouno, Tamba Mina, Alexandre Delamou, Karifa Kourouma, Jean Michel Kolié, Hawa Manet, Aissatou Thoupia Baldé, Abdoul Habib Béavogui, Sara Roegiers, Marlon Garcia, Carlos Kiyan Tsunami, Wim Van Damme, Thérèse Delvaux, 2020, « Approche eLearning pour le renforcement des capacités des professionnels de santé en Guinée : une expérience post-Ebola », *Santé publique*, 5 : 32, pp. 537-548.

Ministère de l'Économie et des Finances, 2020, *Etude d'impact de la covid-19 sur l'économie guinéenne.*

Ministère du Budget (République de Guinée), 2019, *Rapport d'évaluation des dépenses fiscales*.

Ministère du Budget (République de Guinée), 2019a, *Guide simplifié des impôts.*

Monemou, Ouo-Ouo Waita, 2015, *Contribution à l'amélioration de la performance en matière d'imposition sur le revenu de la République de Guinée,* Thèse de doctorat en droit fiscal sous la direction de Bernard Castagnede, Université Paris Dauphine.

Moore, Mick et Wilson Pricard, 2017, *Comment les gouvernements de pays à faible revenu peuvent-ils augmenter leurs recettes fiscales ?*, ICTD 70 Document de travail, Institute of Development Studies.

Muhimpundu, Fiacre, 2021, « Promotion du civisme fiscal en Afrique grâce au téléphone mobile : Cas d'utilisation du téléphone portable au Burundi », *Communication, technologies et développement*, 10. https://journals.openedition.org/ctd/5088

OCDE, 2021, *Soutenir la transformation numérique des administrations fiscales des pays en développement.*

Prichard, Wilson et David K. Leonard, 2010, « La dépendance à l'égard des recettes fiscales renforce-t-elle les capacités de l'État en Afrique subsaharienne ? », *Revue internationale des sciences administratives*, 4 : 76, pp. 687-708.

Rogge, Nicky, Kristof De Witte et Tommaso Agasisti, 2017, « Big data and the measurement of public organizations' performance and efficiency: The state-of-the-art », *Public Policy and Administration*, https://www.researchgate.net/publication/312658661

Varenne, Patrick, 2020, « La transformation digitale des entreprises : effectuation et Business Model Digital Dynamique (BMD2). », *Gestion et management Université de Lyon.*

Yamen, Ahmed, Ali, Coskun et Hounaida, Mersni, 2022, « Digitalization and tax evasion: the moderation effect of corruption », *Economic Research-Ekonomska Istraživanja*, https://doi.org/10.1080/1331677X.2022.2142634

Sitographie

Banque Mondiale, Données sur la Guinée : https://donnees.banquemondiale.org/pays/guinee [consulté le 11 avril 2023]

Banque Mondiale, « World Development Indicators: The information society », http://wdi.worldbank.org/table/5.12# [consulté le 13 avril 2023]

Cable.co.uk « Worldwide broadband speed league 2022 », https://www.cable.co.uk/broadband/speed/worldwide-speed-league/ [consulté le 14 avril 2023]

Commission Nationale de l'Informatique et des Libertés (CNIL), « Une donnée à caractère personnel, c'est quoi ? », https://www.cnil.fr/fr/cnil-direct/question/une-donnee-caractere-personnel-cest-quoi [consulté le 12 avril 2023]

Direction générale du Trésor de la République française, « Guinée : Situation économique et financière », https://www.tresor.economie.gouv.fr/Pays/GN/situation-economique-et-financiere [consulté le 9 avril 2023]

eTax Guinée, https://etax.gov.gn/login-etax

OCDE, « Recettes fiscales », https://data.oecd.org/fr/tax/recettes-fiscales.htm#:~:text=La%20pression%20fiscale%20correspond%20au,et%20en%20pourcentage%20du%20PIB [consulté le 9 avril 2023]

OCDE, « Civisme fiscal et intégrité dans les pays en développement », 2019, https://www.oecd.org/fr/fiscalite/civisme-fiscal-et-integrite-dans-les-pays-en-developpement-mars-2019.htm#:~:text=La%20notion%20du%20civisme%20fiscal,par%20des%20pratiques%20de%20fraude [consulté le 10 avril 2023]

LISTE DES ANNEXES

1. SAFiG: Note technique sur la mobilisation des recettes fiscales (janvier à septembre 2022).
2. SAFiG: Notification de redressement.
3. SAFiG: Notification de taxation d'office.
4. SAFiG: Questionnaire de recherche à destination du personnel de la DGI.
5. SAFiG: Questionnaire de recherche à destination des contribuables.
6. SAFiG: Quitus fiscal.
7. SAFiG : Quittance de paiement.
8. SAFiG : Impôt sur les traitements et salaires détail de l'état des salaires.
9. SAFiG : Total des recettes générées par les 100 plus gros contributeurs sur 2021.
10. SAFiG: Total du stock pour les 100 contribuables ayant le plus d'arriérés.
11. SAFiG : Top 30 des plus gros contributeurs depuis le début de l'année.
12. SAFiG : Top 30 des contribuables ayant le plus d'arriérés
13. SAFiG :

- ✓ Déclaration taxe sur la valeur ajoutée (TVA)
- ✓ Déclaration impôt minimum forfaitaire (IMF)
- ✓ Avis de débit epayement
- ✓ Déclaration taxe sur la valeur ajoutée pour compte de tiers locaux.

✓ 14.SaFiG : Projet eTax guinée présentation du projet à Monsieur le Premier Ministre, chef du gouvernement.

15. PROJET Etax :

Digitalisation de la collecte et du recouvrement des impôts et taxes en république de guinée . Présentation a son excellence, monsieur le Président de République le 3 mars 2021.

16. PROJET eTax Guinée : eTax Guinée – Cahier des charges.

Modernisation du système d'information de la Direction Nationale des Impôts avec la mise en place des téléprocédures fiscales et d'un outil intégré de gestion des impôts.

17 . Projet d`appui à la mobilisation des ressources et a la formalisation des entreprises.

Cahiers des charges relatifs aux chantiers prioritaires à réaliser pour la poursuite de la modernisation du système d'information de la Direction Nationale des Impôts.

18. Contrats de partenariat.

19. Points de décisions sur les formulaires de télédéclaration de TVA.

20. Projet SAFiG : Listes des actions a réaliser avant la généralisation de SaFiG prévue le 30 juin 2021.

Liste des Graphiques

1- Note technique sur la mobilisation des recettes fiscales (janvier à septembre 2022)

REPUBLIQUE DE GUINEE

Travail – Justice – Solidarité

MINISTERE DU BUDGET
DIRECTION GENERALE DES IMPÔTS
DIVISION STRATEGIE-REFORMES-PERFORMANCE

DSRP

Conakry, le 6 juillet 2023

Le Directeur Général

N°____/MB/DGI/DSRP/2022

NOTE TECHNIQUE SUR LA MOBILISATION DES RECETTES FISCALES (Janvier à Septembre 2022)

À fin Septembre 2022, la Direction Générale des Impôts (DGI) a mobilisé 8147,5 Milliards GNF de recettes sur un objectif de prévision cumulée de 7249,5 Milliards GNF, soit un taux de réalisation de **112%.**

La plus-value réalisée de 897,85 Milliards GNF sur la base LFI 2022 se présente comme suit :

(EN MDS GNF)

Prévisions cumulées Janvier à Sept.2022	**7 250**
Réalisations cumulées Janvier à Sept.2022	**8 147**
Plus-value	**898**
Taux de réalisation	**112%**

Il faut cependant rappeler que la réalisation de janvier à septembre 2021 était de 6 505 Milliards GNF, soit un surcroît de **29,15%** en glissement annuel.

Sur la base de la LFR 2022 d'une prévision de 12 215 Milliards GNF, le taux de réalisation est de **67% annuel**.

La situation par grandes rubriques d'impôts et taxes se présente comme suit :

Tableau : Situation des Prévisions Réalisations au 30 Septembre 2022

RUBRIQUES	TOTAL		
	Prévisions	Realisations	TAUX
Impôts sur les rev. des pers. physiques	1 384 330 561	1 133 136 134	**81,85%**
Impôts sur les bénéfices des Sociétés et autres entreprises	2 266 771 636	2 548 477 604	**112,43%**
Impôts sur les salaires et la main d'œuvre	155 173 206	282 581 494	**182,11%**
Impôts sur la propriété immobilière	12 887 610	39 189 697	**304,09%**
Impôts sur les mutations d'immeuble et meubles, de jouissance, d'autres documents et actes	12 313 796	398 130	**3,23%**
Impôts généraux sur les biens et services	2 190 621 893	2 121 708 376	**96,85%**
Surtaxe fiscale	36 497 175	40 463 264	**110,87%**
Impôts sur les services déterminés	294 763 983	169 305 704	**57,44%**
Taxes sur l'utilisation ou l'autorisation d'utiliser des biens ou d'exercer des activités	1 155 267 322	1 099 085 277	**95,14%**
Taxes sur la Telephonie	1 144 071 631	906 563 477	**79,24%**
Autres recettes fiscales	50 903 504	59 217 771	**116,33%**
TOTAL HORS COMPENSATION	**8 703 602 317**	**8 400 126 927**	**96,51%**
SOURCE: DGI			

Graphique : Les impôts et Taxes par rubriques budgétaires.

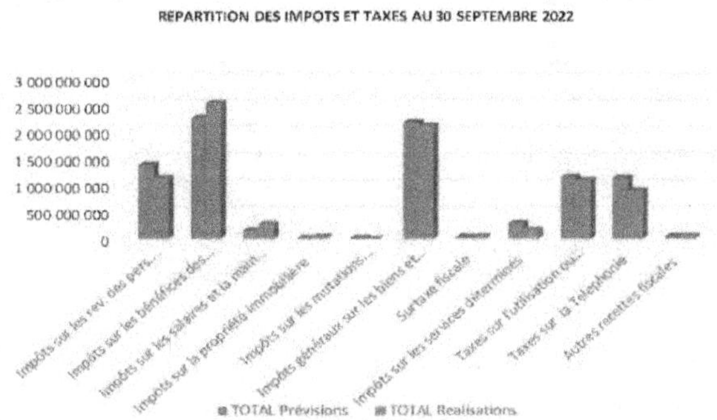

2

Pour permettre de mieux comprendre l'évolution des recettes, il serait intéressant d'examiner le détail par nature d'impôts et taxes :

A- IMPOTS DIRECTS

Impôts sur les revenus des personnes physiques

- **Impôts sur Traitements et Salaires (RTS) du personnel de l'État :** la ligne RTS personnel de l'État est alimentée par les retenues sur les salaires des fonctionnaires opérées par le Trésor public. Le reversement est fonction de la masse salariale des fonctionnaires de l'État, sur une prévision de 48 milliards, il a été réalisé 37 milliards GNF, cette moins-value de 11 milliards s'explique par le fait qu'il Il n'y a pas eu revalorisation de la masse salariale et plusieurs fonctionnaires de l'État ont fait valoir leur droit à la retraite en sus des mesures d'assainissement du fichier de la fonction publique.

- **Retenues sur Traitements et Salaires autres personnels** : Sur une prévision de plus de 656 milliards, il a été réalisé 394 milliards GNF la moins-value est de 262 Milliards, elle s'explique par une baisse de la masse salariale au niveau du secteur privé.

- **Versements Forfaitaire sur les salaires :** Sur une prévision de 146 Mds GNF, il a été réalisé 280 Mds GNF. La plus-value de 134 Mds GNF s'explique par une hausse de la masse salariale au niveau du secteur privé.

- **Impôts sur le revenu des capitaux mobiliers (IRCM)** : L'impôt sur les revenus des capitaux mobiliers est assis sur les dividendes et autres reveaus fixes ou variables. Sa réalisation de 275 milliards sur une prévision de 115 milliards GNF s'explique par le paiement de jetons de présence au niveau de certaines sociétés.

- **Retenue à la source sur les Revenus Non Salariaux (R/RNS)** : La moins-value de plus de 98 milliards GNF constatée sur cette ligne est due à la réduction des activités des experts étrangers et/ou de l'assistance technique dans les zones minières et autres secteurs en Guinée.

- **Prélèvements sur BIC et sur BNC** : La moins-value de 14 milliards GNF sur cette ligne s'explique en grande partie par la baisse des activités de certaines sociétés minières et d'autres qui prestent avec les personnes physiques.

- **Prélèvement forfaitaire à l'Importation** : La moins-value de 31 milliards GNF sur cette ligne est due à la baisse des importations des contribuables de l'informel ne remplissant pas les conditions d'assujettissement à la TVA. Il est important de préciser que le produit de cet impôt est reversé à l'Administration fiscale par la Direction Générale des Douanes (DGD) à la fin de chaque mois.

- **Prélèvement Forfaitaire sur les achats locaux** : La plus-value de 19 milliards GNF sur cette ligne s'explique par l'augmentation des flux d'activités au cordon douanier ayant entrainé des retenues à la source opérée par les sociétés d'État et d'autres contribuables autorisés à effectuer la retenue sur les paiements aux fournisseurs non assujettis à la TVA.

Impôts sur les bénéfices des sociétés et autres entreprises

- **Impôts Sociétés Minières** : sur une prévision de 396 milliards GNF, l'administration fiscale a réalisé 384 milliards GNF, soit une moins-value de 12 milliards GNF lié au paiement du solde de l'IS Mine exercice 2022 de la CBG.

Impôts sur autres Sociétés : sur une prévision de plus 1744 milliards GNF, l'administration fiscale a réalisé 2059 milliards GNF, soit une plus-value de 315 milliards, dû à l'impact des paiements des 1er et 2ème acomptes de l'IS en Juin et Septembre 2022. La relance de l'activité économique amorcée en 2021 juge en faveur de cette plus-value.

- **Impôt Minimum Forfaitaire** : Sur une prévision de 124 milliards GNF, il a été réalisé 105 milliards GNF. Soit une moins-value de 19 milliards. Cette contreperformance sera corrigée avant la fin 2022 par la poursuite des relances des entreprises reliquataires du paiement de cet impôt. Les exonérations fiscales accordées à certaines entreprises impactent sur cet impot.

Impôts sur la propriété immobilière

Contribution foncière unique : Il faut rappeler que le délai légal de paiement de la CFU s'étend du 1er janvier au 30 juin de chaque année. Cette plus-value de 26 Mds GNF est due au retour de la gestion de cet impôt dans le portefeuille de la DGI, en sus de la rigueur et les résultats probants du Plan de Mobilisation des Recettes (PMR) sur la gestion du foncier.

Impôts sur les mutations d'immeubles, de meubles, de jouissance, d'autres documents et actes

- **Droits sur Sociétés** : Cette rubrique comprend l'ensemble des droits perçus à l'occasion de la constitution de société, apport en capital, augmentation de capital par nouveaux apports ou par incorporation de bénéfice ou bien de réserve, fusion. Au cours de cette période sous revue, les formalités d'enregistrement au titre de ces droits sont de 0 sur une prévision de 3 Mds GNF.

- **Droit de mutation d'immeubles et meubles** : La plus-value constatée de 0,4 Mds GNF sur cette ligne est due à la synergie et à l'implication de la chambre des notaires dans le suivi et la déclaration à l'administration fiscale des actes notariés..

- **Surtaxe fiscale** : La taxe sur les boissons alcoolisées est payée essentiellement par la SOBRAGUI. La performance est due à la hausse du chiffre d'affaires réalisé sur la vente des produits alcoolisés par cette entreprise et de l'impact des nouvelles dispositions du CGI appliquée depuis le 1er Janvier 2022. Sur une prévision de 36 Mds GNF, la réalisation est de 40 Mds GNF, soit une plus-value 4 Mds GNF.

Autres recettes fiscales à la charge exclusive des entreprises

- **Droits de timbres à l'importation** : Cette taxe est assise sur l'importation des véhicules d'occasion ; elle évolue en fonction de l'arrivée des navires au port de Conakry. Sa contreperformance est liée à la faiblesse du volume d'importation des véhicules d'occasion pendant cette période. . Sur une prévision de 27 Mds GNF, la réalisation est de 16 Mds GNF, soit une moins-value 11 Mds GNF

- **Droits d'enregistrement sur les marchés BND** : Ces droits sont prélevés sur les marchés financés par le Budget national. La contreperformance de ces droits s'explique par la faiblesse du volume d'attribution des marchés publics entre janvier et septembre 2022.

Taxes sur l'utilisation ou autorisation d'utiliser les biens et activités

- **Taxe sur l'extraction des substances minières autres que les métaux précieux (TME)** : Sur une prévision cumulée de 1155 Mds GNF sur cette période, il a été réalisé de 1096 Mds GNF, soit une moins-value de 59 Mds GNF. Le produit de cette taxe est fonction du volume de la production minière des sociétés redevables. Mais en pratique, son exigibilité intervient à l'exportation du minerai au même titre que la taxe minière à l'exportation, collectée par les services de la Douane et répartie en deux tranches égales entre la DGI et la DGD. Les sociétés assujetties à cette obligation sont : SMB, CDM CHINE, CHALCO, GAC, SPIC et AGB2A.

B-IMPOTS INDIRECTS

Impôts sur les services déterminés

- **Taxe sur les contrats d'assurance** : Cette contre-performance de 5 Mds GNF s'explique par une application timide du décret du 11 janvier 2019 portant paiement de cette taxe sur l'importation de marchandises et biens importés en République de Guinée. Les dispositions sont en train d'être prises dans ce sens afin que l'opérateur technique recruté puisse mettre en ligne la plateforme de collecte de la taxe.
- **Taxe sur les activités financières** : La moins-value de 120 Mds GNF explique par la baisse des opérations de prêts bancaires. Les banques sont confrontées à des difficultés financières liées au contexte de crise économique mondiale (Contraction des marchés financiers à cause de la Guerre en Ukraine et ses répercussions).

5

Taxe d'accès au réseau des télécommunications (TARTEL) et Taxe sur la consommation (TCT)

- **Taxe d'Accès au Réseau des Télécommunications TARTEL et Taxe sur la Consommation Téléphonique** : Sur une prévision cumulée de Janvier à Septembre 2022 de 1144 Mds GNF, l'Administration fiscale a réalisé 907 Mds GNF de recettes fiscales, soit une moins-value de 237 Mds GNF. Cette contreperformance est due aux difficultés financières que traversent le secteur de la Téléphonie, notamment avec les sociétés CELLCOM Guinée et MTN. La relance de ce secteur avec la création de Guinée-Télécom issue de la fusion entre CELLECOM et la SOTELGUI pourrait augmenter les recettes fiscales.

TVA intérieure

- **Taxe sur la Valeur Ajoutée TVA-TVA sur Fincxt** : Sur une prévision cumulée de 2189 Mds GNF, il a été réalisé 2122 Mds GNF, soit un taux de réalisation de 97%. Malgré la moins-value de 67 Mds GNF, les efforts de mobilisation s'expliquent par les effets de taxation d'office et de contrôles sur pièces engagés pour lutter contre la fraude fiscale.

La mobilisation des recettes fiscales est nettement en hausse en 2022 comparée à 2021 et 2020 pour la même période de janvier à Septembre.

Conclusions et recommandations :

Des leviers importants pourraient renforcer les capacités de mobilisation de l'administration. Il s'agit notamment des mesures ci-après :

- L'application stricte des dispositions visant à annuler les avantages fiscaux et douaniers non tirés des conventions ratifiées par l'Assemblée Nationale ;

- L'entrée en vigueur du Code Général des Impôts depuis le 1er Janvier 2022 et du Livre de Procédures fiscales ;

- Le lancement sans délai des nouveaux modules informatiques sur le Recouvrement (Saisie des BL et de l'AMR dans SAFIG), eFacturation, eTimbres, eBilan et l'interconnexion des services déconcentrés des impôts ;

- La fourniture des données de l'opérateur technique spécialisé qui sera chargé d'assurer la maitrise des flux de télécommunications et autres transactions financières électroniques ;

- L'implication effective des sociétés publiques et l'État dans la collecte des retenues à la source (précompte 50% TVA et Précompte BIC, RNS et autres retenues) ;

- Le transfert des services du cadastre et du domaine à la DGI ;

- Le règlement du problème lié à la gestion de la TVA dans le secteur des mines ; cette situation entraine des certificats d'exonération impactant ainsi les recettes de TVA;

- L'assujettissement des sous-traitants miniers aux impôts sur le revenu. Plusieurs sous-traitants directs et indirects bénéficient des mêmes avantages fiscaux et douaniers au même titre que la société minière. Cette exemption s'étend jusqu'à l'impôt sur les bénéfices (IS) ;

Mory CAMARA

7

2- Notification de redressement

République de Guinée
Travail - Justice - Solidarité

Ministère du Budget

Direction Générale des Impôts

CODE : 6S6GZD8C

NOTIFICATION DE REDRESSEMENT

Référence procédure	RED23052383436	Date d'édition	23/05/2023
Centre des impôts	Centre des impôts des grandes entreprises		

01 - IDENTIFICATION DU CONTRIBUABLE

Raison sociale	SOCIETE CHALCO GUINEA COMPANY SA		
NIFp	210625166	Clé TVA	5K
Secteur d'activité	Mines et carrières nda		
Géolocalisation	Longitude : -13.66562 - Latitude : 09.52410		
Adresse	conakry		
Quartier	KIPE		
Commune	RATOMA	Téléphone	623-92-66-92

Madame, Monsieur,

J'ai procédé à l'examen de votre dossier.

Cet examen constitue une procédure normale dans le système déclaratif, car il est le garant du respect du principe d'égalité devant l'impôt. Vos déclarations sont présumées exactes et sincères. Toutefois, l'administration a pour mission de s'assurer de leur régularité.

Suite à cet examen, j'envisage de modifier la base de calcul et/ou le montant de certains impôts, droits et taxes pour les motifs exposés dans la présente proposition conformément à l'article 1134 du Code général des impôts. Dès réception de ce courrier, et en application de l'article 1135 du Code général des impôts, vous disposez d'un délai de trente jours pour m'adresser vos observations ou votre acceptation. En cas d'application de la procédure de rectification contradictoire, vous pouvez demander dans ce délai une prorogation de 15 jours. Sans réponse de votre part dans ce délai éventuellement prorogé, la proposition de rectification sera considérée comme acceptée.

J'appelle votre attention sur le fait que les droits résultant des rectifications proposées peuvent, dans les conditions fixées par la loi, être assortis de sanctions fiscales.
Pour discuter cette proposition de rectification ou y répondre, vous pouvez vous faire assister d'un conseil de votre choix. Si vous le souhaitez, nous pouvons convenir d'un rendez-vous.

En cas d'application de la procédure de rectification contradictoire et si, après nos échanges, des divergences subsistent, vous pouvez exercer le recours hiérarchique prévu à l'article 1134 du Code général des impôts.

Je me tiens à votre disposition pour toute question relative à ce courrier et vous prie de croire, Madame, Monsieur, à l'assurance de ma considération distinguée.

NRE230523766047
23/05/2023 12:31:01

Direction Générale des Impôts - Intersection Rue KA001 - Corniche Nord Rue 038 Quartier Almamy - Commune Kaloum - République de Guinée

1/2

République de Guinée
Travail - Justice - Solidarité

Ministère du Budget

Direction Générale des Impôts

CODE : 6S6GZDBC

02 - LISTE DES MONTANTS TAXES D'OFFICE ET PENALITES ASSOCIEES

Référence	Type	Code	Nature d'impôt	Période	Montant
DRA23052323432	Droits AMR	RTS	Retenue sur les Traitements et Salaires	Année 2019	9 412 935 033
MAJ23052323433	Majoration contrôle	RTS	Retenue sur les Traitements et Salaires	Année 2019	9 412 935 033
MAJ23052323431	Majoration contrôle	RTS	Retenue sur les Traitements et Salaires	Année 2018	1 635 408 072
DRA23052323448	Droits AMR	TVAP	Précompte 50% TVA	Année 2019	1 213 171 921
DRA23052323439	Droits AMR	RSRNS	Retenue à la source sur les revenus non salariaux	Année 2018	2 979 019 570
MAJ23052323445	Majoration contrôle	TVAP	Précompte 50% TVA	Année 2018	1 612 299 251
MAJ23052323437	Majoration contrôle	VF	Versement forfaitaire sur les salaires	Année 2019	5 647 761 020
MAJ23052323442	Majoration contrôle	RSRNS	Retenue à la source sur les revenus non salariaux	Année 2019	54 163 632 552
DRA23052323441	Droits AMR	RSRNS	Retenue à la source sur les revenus non salariaux	Année 2019	54 163 632 552
INT23052323446	Intérêts de retard	TVAP	Précompte 50% TVA	Année 2018	2 321 710 922
MAJ23052323440	Majoration contrôle	RSRNS	Retenue à la source sur les revenus non salariaux	Année 2018	2 979 019 570
DRA23052323444	Droits AMR	TVAP	Précompte 50% TVA	Année 2018	3 224 598 503
MAJ23052323456	Majoration contrôle	BICPF	Prélèvement forfaitaire de 10 % sur les achats locaux	Année 2018	158 253 015
DRA23052323430	Droits AMR	RTS	Retenue sur les Traitements et Salaires	Année 2018	1 635 408 072
MAJ23052323449	Majoration contrôle	TVAP	Précompte 50% TVA	Année 2019	606 585 961
DRA23052323454	Droits AMR	BICPF	Prélèvement forfaitaire de 10 % sur les achats locaux	Année 2018	158 253 015
MAJ23052323435	Majoration contrôle	VF	Versement forfaitaire sur les salaires	Année 2018	981 244 843
INT23052323451	Intérêts de retard	TVAP	Précompte 50% TVA	Année 2019	582 322 522
DRA23052323457	Droits AMR	BICPF	Prélèvement forfaitaire de 10 % sur les achats locaux	Année 2019	5 534 022 799
DRA23052323434	Droits AMR	VF	Versement forfaitaire sur les salaires	Année 2018	981 244 843
DRA23052323436	Droits AMR	VF	Versement forfaitaire sur les salaires	Année 2019	5 647 761 020
MAJ23052323458	Majoration contrôle	BICPF	Prélèvement forfaitaire de 10 % sur les achats locaux	Année 2019	5 534 022 799
				Total général	170 585 242 888

NRE230523768047
23/05/2023 12:31:01

Direction Générale des Impôts - Intersection Rue KA003 - Corniche Nord Rue 038 Quartier Almamya - Commune Kaloum - République de Guinée

2/2

3-Notification de taxation d'office

DGI
Direction Générale des Impôts

République de Guinée
Travail - Justice - Solidarité
—
Ministère du Budget
—
Direction Générale des Impôts

CODE : 76K27XQ4

NOTIFICATION DE TAXATION D'OFFICE

[illegible]

Référence procédure	TOL22101795441	Date d'édition	20/10/2022
Centre des impôts	Centre des impôts des grandes entreprises		

01 - IDENTIFICATION DU CONTRIBUABLE

Raison sociale	SOCIETE D'EXPERTISE ENVIRONNEMENTALE et SOCIALE SARL		
NIFp	733088139	Clé TVA	
Secteur d'activité	Prestation de service		
Géolocalisation	Longitude : -13.70057 - Latitude : 09.51768		
Adresse	conakry		
Quartier	ALMAMYA I		
Commune	KALOUM	Téléphone	023-16-46-58

Madame, Monsieur,

Par la présente nous vous informons de la mise en œuvre d'une procédure de taxation d'office à votre encontre pour défaut de déclaration, conformément aux dispositions des articles 1136 à 1144 du Code général des impôts.

Vous trouverez ci-dessous le détail des montants calculés sur la base des informations connues par nos services, et retenus à charge dans le cadre de cette procédure.

02 - LISTE DES MONTANTS TAXES D'OFFICE ET PENALITES ASSOCIEES

Référence	Type	Code	Nature d'impôt	Période	Montant
DRA22101711163	Droits AMR	ISPA	1er acompte d'impôt sur les sociétés	Année 2022	167 872 368
INT22101711167	Intérêts de retard	ISPA	1er acompte d'impôt sur les sociétés	Année 2022	2 518 085
ASS22101711166	Pénalités d'assiette	ISPA	1er acompte d'impôt sur les sociétés	Année 2022	16 787 237
				Total général	187 177 688

NTO221020529550
20/10/2022 08:24:21

Direction Générale des Impôts - Intersection Rue KA001 - Corniche Nord Rue 038 Quartier Almamy - Commune Kaloum - République de Guinée

4-Questionnaire de recherche à destination du personnel de la DGI

QUESTIONNAIRE DE RECHERCHE
À DESTINATION DU PERSONNEL DE LA DGI

Le présent questionnaire est proposé dans le cadre d'une recherche universitaire qui vise à évaluer dans quelle mesure la transformation digitale de l'administration fiscale de la République de Guinée a permis d'améliorer ses performances.

Votre anonymat est garanti.

Merci de bien vouloir répondre aux questions qui suivent le plus sincèrement possible.

Sous chaque question, vous avez la possibilité d'ajouter un commentaire si vous le souhaitez.

Merci de votre participation.

Début du questionnaire :

Question 1. Vous êtes…
1) Une femme 2) Un homme

Question 2. Votre tranche d'âge :
1) Moins de 25 ans 2) 25 - 40 ans 3) 40 - 60 ans 4) Plus de 60 ans

Question 3. Vous travaillez à la DGI depuis…
1) Moins de 2 ans 2) entre 2 et 6 ans 3) Plus de 6 ans

Question 4. Vous êtes…
1) Agent de la DGI 2) Cadre de la DGI
Commentaire (facultatif) :

Question 5. Vous travaillez …
1) En zone urbaine 2) En zone rurale
Commentaire (facultatif) :

Page 1 sur 4

Question 6. En dehors du travail, utilisez-vous beaucoup la technologie ? (internet, ordinateur, mobile...)

1) Oui, beaucoup 2) Un peu 3) Pas beaucoup 4) Très peu 5) Jamais

Commentaire (facultatif) :

Question 7. Utilisez-vous le SAFiG de façon quotidienne ?

1) Oui 2) Non

Commentaire (facultatif) :

Question 8. Continuez-vous à réaliser certaines procédures sur papier ?

1) Oui 2) Non

Commentaire (facultatif) :

Si vous avez répondu « oui » à la question 8 (autrement, merci de passer à la question 10) :

Question 9. Avez-vous la possibilité de réaliser ces procédures par le biais du SAFIG ?

1) Oui 2) Non

Commentaire (facultatif) :

Question 10 : Comment vous positionnez-vous par rapport aux affirmations suivantes ?

a) Je me sens à l'aise avec l'usage d'eTax.

1) D'accord 2) Plutôt d'accord 3) Neutre 4) Plutôt pas d'accord 5) Pas d'accord

Commentaire (facultatif) :

b) Je me sens à l'aise avec l'usage du SAFIG.

1) D'accord 2) Plutôt d'accord 3) Neutre 4) Plutôt pas d'accord 5) Pas d'accord

Commentaire (facultatif) :

c) Je rencontre des difficultés techniques avec l'usage de SAFiG et de eTax.

1) D'accord 2) Plutôt d'accord 3) Neutre 4) Plutôt pas d'accord 5) Pas d'accord

Commentaire (facultatif) :

d) Le SAFiG et eTax me permettent de gagner du temps dans mon travail.

1) D'accord 2) Plutôt d'accord 3) Neutre 4) Plutôt pas d'accord 5) Pas d'accord

Commentaire (facultatif) :

e) Le SAFiG et eTax me permettent me permettent de mieux réaliser mon travail.

1) D'accord 2) Plutôt d'accord 3) Neutre 4) Plutôt pas d'accord 5) Pas d'accord

Commentaire (facultatif) :

f) Je me sens suffisamment formé(e) pour utiliser le SAFiG et eTax.

1) D'accord 2) Plutôt d'accord 3) Neutre 4) Plutôt pas d'accord 5) Pas d'accord

Commentaire (facultatif) :

g) Je voudrais être davantage formé(e) à l'utilisation du SAFiG et de eTax.

1) D'accord 2) Plutôt d'accord 3) Neutre 4) Plutôt pas d'accord 5) Pas d'accord

Commentaire (facultatif) :

h) J'aide mieux les contribuables depuis que j'utilise le SAFiG et eTax.

1) D'accord 2) Plutôt d'accord 3) Neutre 4) Plutôt pas d'accord 5) Pas d'accord

Commentaire (facultatif) :

i) J'identifie mieux les personnes qui tentent de faire de la fraude fiscale depuis que j'utilise le SAFiG et eTax.

1) D'accord 2) Plutôt d'accord 3) Neutre 4) Plutôt pas d'accord 5) Pas d'accord
Commentaire (facultatif) :

j) SAFiG et eTax ont beaucoup transformé mon travail.
1) D'accord 2) Plutôt d'accord 3) Neutre 4) Plutôt pas d'accord 5) Pas d'accord
Commentaire (facultatif) :

k) Je dispose des moyens matériels nécessaires pour réaliser mon travail au mieux avec le SAFiG et eTax.
1) D'accord 2) Plutôt d'accord 3) Neutre 4) Plutôt pas d'accord 5) Pas d'accord
Commentaire (facultatif) :

Merci de votre participation.

5-Questionnaire de recherche à destination des contribuables

QUESTIONNAIRE DE RECHERCHE
À DESTINATION DES CONTRIBUABLES

Le présent questionnaire est proposé dans le cadre d'une recherche universitaire qui vise à évaluer dans quelle mesure la transformation digitale de l'administration fiscale de la République de Guinée a permis d'améliorer ses performances.

Votre anonymat est garanti.

Merci de bien vouloir répondre aux questions qui suivent le plus sincèrement possible.

Sous chaque question, vous avez la possibilité d'ajouter un commentaire si vous le souhaitez.

Merci de votre participation.

Début du questionnaire :

Question 1. Vous êtes...
1) Une femme 2) Un homme

Question 2. Votre tranche d'âge :
1) Moins de 25 ans 2) 25 - 40 ans 3) 40 - 60 ans 4) Plus de 60 ans

Question 3. Votre société est...
1) une petite entreprise 2) une moyenne entreprise 3) une grande entreprise

Question 4. Vous travaillez ...
1) En zone urbaine 2) En zone rurale
Commentaire (facultatif) :

Question 5. En dehors du travail, utilisez-vous beaucoup la technologie ? (internet, ordinateur, mobile...)
1) Oui, beaucoup 2) Un peu 3) Pas beaucoup 4) Très peu 5) Jamais
Commentaire (facultatif) :

Page 1 sur 3

Question 6: Comment vous positionnez-vous par rapport aux affirmations suivantes ?

a) Je me sens à l'aise avec l'usage de la technologie (internet, ordinateur, mobile...)
1) D'accord 2) Plutôt d'accord 3) Neutre 4) Plutôt pas d'accord 5) Pas d'accord
Commentaire (facultatif) :

b) Je me sens à l'aise avec l'usage d'eTax.
1) D'accord 2) Plutôt d'accord 3) Neutre 4) Plutôt pas d'accord 5) Pas d'accord
Commentaire (facultatif) :

c) eTax rend plus simple les procédures fiscales pour mon entreprise.
1) D'accord 2) Plutôt d'accord 3) Neutre 4) Plutôt pas d'accord 5) Pas d'accord
Commentaire (facultatif) :

d) eTax rend plus rapide les procédures fiscales pour mon entreprise.
1) D'accord 2) Plutôt d'accord 3) Neutre 4) Plutôt pas d'accord 5) Pas d'accord
Commentaire (facultatif) :

e) eTax rend plus facile les échanges avec l'administration fiscale.
1) D'accord 2) Plutôt d'accord 3) Neutre 4) Plutôt pas d'accord 5) Pas d'accord
Commentaire (facultatif) :

f) Quand je rencontre une difficulté avec eTax, il m'est facile d'obtenir de l'aide.
1) D'accord 2) Plutôt d'accord 3) Neutre 4) Plutôt pas d'accord 5) Pas d'accord
Commentaire (facultatif) :

g) Je paye plus facilement et plus rapidement mes impôts / taxes depuis que j'utilise eTax.
1) D'accord 2) Plutôt d'accord 3) Neutre 4) Plutôt pas d'accord 5) Pas d'accord
Commentaire (facultatif) :

h) Les solutions de paiement proposées sur eTax me conviennent.
1) D'accord 2) Plutôt d'accord 3) Neutre 4) Plutôt pas d'accord 5) Pas d'accord
Commentaire (facultatif) :

Page 2 sur 3

i) eTax est une solution sécuritaire et fiable pour gérer la fiscalité de la République de Guinée.

1) D'accord 2) Plutôt d'accord 3) Neutre 4) Plutôt pas d'accord 5) Pas d'accord

Commentaire (facultatif) :

Question 7: Dans l'ensemble, quel est votre niveau de satisfaction par rapport à eTax ?

1) Satisfait 2) Plutôt satisfait 3) Neutre 4) Plutôt insatisfait 5) Insatisfait

Commentaire (facultatif) :

Merci de votre participation.

Page 3 sur 3

6-SAFiG: Quitus fiscal

République de Guinée
Travail - Justice - Solidarité
Ministère du Budget
Direction Générale des Impôts

CODE : TJ361PFQ

QUITUS FISCAL

Valable jusqu'au 09/09/2023

NIFp	564191328	Date	09/05/2023
Centre des impôts	Centre des impôts des moyennes entreprises		

01 - IDENTIFICATION DU CONTRIBUABLE

Raison sociale	[redacted]		
NIFp	564191328	Clé TVA	4P
Secteur d'activité	Prestation de service		
Géolocalisation	Longitude : -13.64226 - Latitude : 09.60791		
Adresse	CONAKRY		
Quartier	KIPE		
Commune	RATOMA	Téléphone	623-97-00-00

02 - INFORMATIONS COMPLEMENTAIRES

Forme juridique	Société anonyme
Activité	Prestation de service
Email	

EST A CE JOUR EN REGLE VIS-A-VIS DE SES OBLIGATIONS FISCALES

Ce quitus fiscal est valable :

- CIGE : pour tous les marchés
- CIME : pour tous les marchés jusqu'à 1 500 000 000 GNF.

Ce certificat électronique est délivré par la Direction Générale des Impôts sur le portail SAFIG. Pour vérifier son authenticité, vous pouvez flasher le QR Code. Il est présenté en annexe la liste des paiements effectués par le contribuable qui présente la situation des contribuables au cours des quatre derniers mois. L'annexe fait partie intégrante du quitus fiscal.

QUF230509741347
09/05/2023 08:26:02

Direction Générale des Impôts - Intersection Rue KA001 - Corniche Nord Rue 038 Quartier Almamy - Commune Kaloum - République de Guinée

1/2

République de Guinée

Travail - Justice - Solidarité

Ministère du Budget

Direction Générale des Impôts

CODE : TJ381PFQ

ANNEXE

02 - Historique des déclarations payées au cours des 4 derniers mois

Référence	Nature d'impôt	Type d'impôt	Période	Date de validation	Montant payé
DRO23042895859	IS	Impôt sur les Sociétés	Année 2022	28/04/2023	33 923 871
DRO23033180229	TVA	Taxe sur la valeur ajoutée	Mars 2023	14/04/2023	0
DRO23033180230	VF	Versemont forfaitaire sur les salaires	Mars 2023	14/04/2023	0
DRO23033180228	RTS	Retenue sur les Traitements et Salaires	Mars 2023	14/04/2023	0
DRO23022854778	TVA	Taxe sur la valeur ajoutée	Fevrier 2023	10/03/2023	1 078 476
DRO23022854779	VF	Versement forfaitaire sur les salaires	Fevrier 2023	10/03/2023	255 590
DRO23022854777	RTS	Retenuo sur les Traitements et Salaires	Fevrier 2023	10/03/2023	40 773
DRO23030263100	VF	Versement forfaitaire sur les salaires	Janvier 2023	02/03/2023	1 959 927
DRO23030263101	RTS	Retenue sur les Traitements et Salairea	Janvier 2023	02/03/2023	750 268
DRO23013130059	VF	Versement forfaitaire sur les salaires	Janvier 2023	14/02/2023	240 507
DRO23013130058	TVA	Taxe sur la valeur ajoutée	Janvier 2023	13/02/2023	885 600
DRO23013130057	RTS	Retenue sur les Traitements et Salaires	Janvier 2023	13/02/2023	49 296
DRO23011212399	IMFME	Impôt minimum Forfaitaire (moyenne entreprise)	Année 2023	13/01/2023	30 000 000
DRO22123175532	TVA	Taxe sur la valeur ajoutée	Décembre 2022	11/01/2023	0
DRO22123175533	VF	Versement forfaitaire sur les salaires	Décembre 2022	11/01/2023	240 507
DRO22123175531	RTS	Retenue sur les Traitements et Salaires	Décembre 2022	11/01/2023	49 296
				TOTAL DES PAIEMENTS	69 474 111

Direction Générale des Impôts - Intersection Rue KA001 - Corniche Nord Rue 038 Quartier Almamy - Commune Kaloum - République de Guinée

2/2

7-SAFiG : Quittance de paiement

République de Guinée
Travail - Justice - Solidarité

Ministère du Budget

Direction Générale des Impôts

CODE : SZT8M3J5

QUITTANCE DE PAIEMENT

Numéro de quittance	QUI230502731136	Date d'édition	02/05/2023
Centre des impôts	Centre des impôts des grandes entreprises	Référence du paiement	TLP23042722643

01 - IDENTIFICATION DU CONTRIBUABLE

Raison sociale	AMG SAHI		
NIFp	493948053	Clé TVA	6Q
Secteur d'activité	Mines et carrières nda		
Géolocalisation	Longitude : - Latitude :		
Adresse	TERCET/DUBREKA		
Quartier	BADI CENTRE		
Commune	BADI	Téléphone	624-20-31-19

02 - INFORMATIONS SUR LE PAIEMENT

Montant payé	79 341 813 GNF		
En toutes lettres	Soixante-dix-neuf millions trois cent quarante-et-un mille huit cent treize francs guinéens		
Mode de paiement	Télépaiement	N° compte créditeur	2011000140
Référence opération	FT2311786069	Date du crédit	27/04/2023
Banque émettrice	VISTA Bank Guinée	Date du débit	27/04/2023
Référence virement	912137636/900	N° compte débiteur	0150066001
Opérateur mobile		Transaction mobile	
Réf. paiement d'ordre			

Référence	Type	Code	Nature d'impôt	Période	Montant payé
DRO23010789734	DRO	IS	Impôt sur les Sociétés	Année 2022	79 341 813
				Total général	79 341 813

QUI230502731136
02/05/2023 23:15:34

Direction Générale des Impôts - Intersection Rue KA001 - Corniche Nord ... Quartier Almamy - Commune Kaloum - République de Guinée

8-SAFiG : Impôt sur les traitements et salaires détail de l'état des salaires

REPUBLIQUE DE GUINEE
Travail – Justice – Solidarité
MINISTERE DU BUDGET
DIRECTION NATIONALE DES IMPÔTS

AVD5204573541

AVIS DE DEBIT
ePAYMENT

Document généré sur le portail eTax Guinée le : 15/02/2021 12:30:49

Numéro d'identification fiscale (NIFp) : 141520015

COMPTE CLIENT DEBITE	
Libellé	METAL MIX GUINEE SARL
Etablissement bancaire	BCI Guinée SA
Numéro du compte	019 003 2308730000 02

COMPTE DESTINATAIRE DU PAIEMENT EMIS	
Libellé	eTax Guinée - ePAYMENT
Etablissement bancaire	Banque Centrale de la République de Guinée
Numéro du compte	2011000140

Montant du paiement (GNF) :	46 768 706
Référence unique d'opération :	ETP21021401661
Date du débit du compte :	14/02/2021
Référence de l'avis de débit :	B228021

Par la présente, l'établissement bancaire BCI Guinée SA
confirme le débit du compte bancaire dont les références sont données ci-dessus et l'émission de l'ordre de paiement vers le système de paiement de la Banque Centrale à destination du compte de la Direction Nationale des Impôts.

Ce document constitue la preuve du traitement de l'ordre de télépaiement émis sur le portail eTax Guinée par la banque.
Ce document est remis au contribuable lorsque la banque confirme avoir débité le compte bancaire du contribuable et avoir émis le paiement à destination de la Direction Nationale des Impôts.

Cet avis de débit ne constitue pas une preuve du règlement.
Une quittance de règlement sera remise au donneur d'ordre dès que l'exécution du paiement aura été constatée sur le relevé bancaire de la Direction Nationale des Impôts.

Direction Nationale des Impôts – Intersection Rue KA001 - Corniche Nord Rue 538 – Quartier Almamy - Commune Kaloum République de Guinée – BP 599
Tel : +224 669 39 20 14 – Email : etax@dni.gov.gn

STP21031481641

ANNEXE | DETAIL DES MONTANTS PAYES

Ci-dessous est indiqué le détail de l'ensemble des impôts, taxes et autres montants pris en charge par cet ordre de télépaiement.

DETAIL DES MONTANTS PAYES	
Désignation du montant payé	**Montant**
Impôt Minimum Forfaitaire (IMF) - Janvier 2021	15 000 000
Impôt sur les traitements et salaires - Janvier 2021	1 768 704

Direction Nationale des Impôts – Intersection Rue KA001 - Corniche Nord Rue 038 – Quartier Almamy - Commune Kaloum République de Guinée – BP 589
Tél.: +224 669 39 20 14 – Email : etax@dni.gov.gn

IMPOT SUR LES TRAITEMENTS ET SALAIRES

DETAIL DE L'ETAT DES SALAIRES

Raison sociale :
NIFp :
Période :
Référence :

Nom et Prénom	Emploi ou Qualité	Sexe	Nationalité	Montant des salaires et rémunérations accessoires	Montant des avantages en nature (selon valeur réelle)	Montant Brut	Retenues des charges sociales	Montant Net imposable	RTS

Page /

9-SAFiG : Total des recettes générées par les 100 plus gros contributeurs sur 2021

10-SAFiG : Total du stock pour les 100 contribuables ayant le plus d'arriérés

stock pour les 100 contribuables ayan

er 2022

Raison sociale
SOC MINIERE DE DINGUIRAYE
SOC D'ELECTRICITE DE GUINEE
SOCIETE DES EAUX DE GUINEE
SOCIETE AREEBA - GUINEE SA
SOCIETE CELLCOM- GUINEE - SA
ELECNOR SUCC
CIE DES BAUXITES DE GUINEE
GUINEA ALUMINA CORPORATION (GAC) SA
PORT AUTONOME DE CONAKRY
SOCIETE CHALCO GUINEA COMPANY SA
PICCINI GUINEE SAUNIP
SOCIETE BEL AIR MINING SA
SOCIETE MAXAM GUINEE SARL UNIP
GROUP FIVE SIGUIRI SARL
SOCIETE ANGLOGOLD ASHANTI DE GUINEE (SAG) -SA
GUINEE TELECOM
VIVO ENERGY DE GUINEE
SOCIETE D'ALUMINE FRIGUIA
SOCIETE HOTELIERE GUINEENNE DE L'INVESTISSEMENT SGHI
SOCIETE KAMA GUINEE
SOCIETE CHAIN HOTEL CONAKRY SA
CAP DC ACO - SUCC
AGENCE NATIONALE D'AMENAGEMENT DES INFRASTRUCTURES MINIERES
SOC GUI DES ETS DUFOUR IGON
TotalEnergies Marketing Guinée SA
SOCIETE BIA GUINEE - SA
BANQUE SAHELO SAHARIENNE POUR L'INVESTISSEMENT ET LE COMMERCE - GUINEE - SA
GUINEE INDUSTRIES CIMENTS SAU
CASSIDY GOLD GUINEE SA
YESIL ADAMLAR GESTION DE DECHETS - SARLU
OFFICE GUI DE PUBLICITE
BURVAL CORPORATE GUINEE SA
TOPAZ MULTI INDUSTRIES
ALAME
BANQUE NATIONALE D'INVESTISSEMENT DE GUINEE SA
GROUPE CORSIN AQUATRA WEST AFRICA SOLEKTRA GUINEE-SARL
ALUMIA COMPANY OF GUINEA
SOCIETE OBT SHIPPING-SA
BANQUE INTER POUR LE COMMERCE et IND
ELTON GUINEE
SOCIETE MARINE CONTRACTING AND INFRASTRUCTURE -SAS

SOCIETE EQUIPEMENTS ET SERVICES SANGAREDI SARL
ABDOULAYE DALEIN DIALLO
SGS MINERAL SERVICE GUINEE-SARL
SOCIETE PALMA GUINEE SA
AUTORITE DE REGULATION DES POSTES TELECOMMUNICATIONS
AMG SARL
ETABLISSEMENT MODJO TRANSPORT SA
DIALLO TH.SAIDOU-DOUDOU TRANSPORT
ATELIER DE TOURNAGE et DE CHAUDRONNERIE GUINEE SA
SOGEA - SOC ANONYME DE TRAVAUX OUTRE MER
SOCIETE DE GESTION ET D'EXPLOITATION DU BACKBONE NATIONAL SA
STAR OIL SA
SOCIETE UNICOM CONAKRY SARLU
LA GUINEENE DE LA LARGE BANDE-SA
SOCIETE WEST COAST PETROLEUM SA
SOCIETE DES BAUXITES DE GUINEE SA
GETMA GUINEE
AFRICAN MARITIME AGENCIES SA
SOCIETE TIFA GUINEE FAMILY-SARLUNIPER
COMPAGNIE FINANCIERE AFRICAINE GUINEE SA
ESMUG SARL
BUSINESS MERCANTILE SERVICES COMPANY LOGISTIQUE
BLASTICO SARL
NOUVELLE SOCIETE INTERAFRICAINE D 'ASSURANCES EN GUINEE SA
PMU GUINEE
LAFARGE HOLCIM GUINEE SA
MAG SARL
BOISSONS NON ALCOOLISEES DE GUINEE
AGENCE DE LA NAVIGATION AERIENNE SA
SOCIETE GUICO MULTISERVICES INTERNATIONAL - SA
ALLIANCE GUINEENNE DE BAUXITE D'ALUMINE et D'ALUMINIUM SA
BANQUE ISLAMIQUE DE GUINEE
SOCIETE STEF ANUTTI STOCKS GUINEA SARLUNIPERS
NITROKEMINE GUINEE
SOCIETE GUINEENNE DE PRESTATIONS et DE CONSTRUCTION SARL
INGENIERIE et REALISATIONS AFRICAINES
SOC GESTION & D'EXPL AEROPORT CKRY
TRANSIT ET CONSIGNATION
SOCIETE LIERKANG DIAGUISSA EN GUINEE
PAPETERIE CENTRALE
ELF OIL GUINEE
DALBERG ADVISORS
GUINEENNE DE TERRASSEMENT
SOCIETE MEUBLE DECOR SAU
SOCIETE TURQUOISE GROUPE SA
GUINEENNE D'INDUSTRIE
SOCIETE DIRECT DIALOG SARL
SOCIETE SGI - AUTOMOBILES - SARL
BUREAU CONS.,D'ENQ.,D'INTERIM PERFE

SOC GENERALE DE SURVEILLANCE
AFRICAN INDUSTRIAL SERVICE - GROUP
SOCIETE MAMOU RESOURCES SARLU
GUI-CO-PRES BTP SA
AMAT - SARL
INJELEC
LABOREX-GUINEE
2TMC LOGISTIC
SOC NATIONALE DES EAUX DE GUINEE
SOC HOTELIERE DE GUINEE-CAMAYENNE

11-SAFiG : Top 30 des plus gros contributeurs depuis le début de l'année

République de Guinée

Travail - Justice - Solidarité

Ministère du Budget

Direction Générale des Impôts

TOP 30 DES PLUS GROS CONTRIBUTEURS DEPUIS LE DEBUT DE L'ANNEE

Date d'édition 23/05/2023

NIFp	Raison sociale	Montant payé
741571731	SOCIETE ORANGE GUINEE S.A	1 353 140 940 994
840333827	SOCIETE MINIERE DE BOKE SA	316 148 406 559
703457069	CIE DES BAUXITES DE GUINEE	193 689 385 431
556305449	ECOBANK GUINEE	125 109 864 803
549137867	SOCIETE AREEBA - GUINEE SA	118 047 067 608
466642691	ORANGE FINANCES MOBILES GUINEE SA	112 736 383 648
294503776	VIVO ENERGY DE GUINEE	79 760 738 106
945451755	SOC GENERALE GUINEE	74 067 012 388
735691305	SOCIETE ANGLOGOLD ASHANTI DE GUINEE (SAG) -SA	63 157 907 594
938936978	SOCIETE WINNING ALLIANCE PORTS SA	61 640 456 645
955449905	BANQUE INTER POUR LE COMMERCE et IND	59 555 795 708
326241312	SOC DES BRASSERIES DE GUINEE	56 098 470 466
339107195	SOCIETE CONAKRY TERMINAL	50 869 591 549
852622687	TotalEnergies Marketing Guinée SA	47 589 507 886
759318785	SOCIETE CANAL + GUINEE -SA	36 187 512 127
985117811	SOCIETE GUINEENNE DU PATRIMOINE MINIER SA	35 821 635 812
905773495	UNITED BANK OF AFRICA GUINEE-SA	34 066 313 791
311132112	SIMFER SA	28 647 211 534
594612194	BANQUE SAHELO SAHARIENNE POUR L'INVESTISSEMENT ET LE COMMERCE - GUINEE - SA	28 267 612 727
446324865	GUINEA ALUMINA CORPORATION (GAC) SA	26 103 619 640
381668276	CIMENTS DE L'AFRIQUE GUINEE CONAKRY SA	26 066 731 915
664763828	SOC GUI DES PETROLES	24 906 061 604
731241238	SOCIETE DES MINES DE MANDIANA-SA (Avec Conseil d'Administration et DG)	24 643 468 883
210625166	SOCIETE CHALCO GUINEA COMPANY SA	23 620 141 518
222194342	KOUROUSSA GOLD MINE	23 389 769 324
585353915	CHINA INTERNATION WATER et ELECTRIC CORPORATION SARL	23 086 530 078
567514641	TOP GUINEE SARL	22 955 026 605
979718855	TOPAZ MULTI INDUSTRIES	21 212 485 773
309459733	ORABANK GUINEE	21 077 004 770
621834829	UNITED MINING SUPPLY	20 778 137 655
	Total des recettes générées par les 30 plus gros contributeurs	3 132 460 793 141

12- SAFiG : Top 30 des contribuables ayant le plus d'arriérés

République de Guinée
Travail - Justice - Solidarité
Ministère du Budget
Direction Générale des Impôts

TOP 30 DES CONTRIBUABLES AYANT LE PLUS D'ARRIERES

Date d'édition 23/05/2023

NIFp	Raison sociale	Montant arriéré
210625186	SOCIETE CHALCO GUINEA COMPANY SA	253 853 025 590
693770885	SOC D'ELECTRICITE DE GUINEE	153 301 320 236
954635348	NSIA VIE ASSURANCES - SA	88 231 553 500
526179486	SOCIETE CELLCOM- GUINEE - SA	87 765 109 813
809597008	SOCIETE DES EAUX DE GUINEE	85 233 794 113
446324865	GUINEA ALUMINA CORPORATION (GAC) SA	76 729 022 216
417018660	SOC MINIERE DE DINGUIRAYE	66 866 367 023
396181265	DIAMOND CEMENT GUINEA -SA	48 333 098 210
882595283	COMPAGNIE DE BAUXITES ET D'ALUMINE DE DIAN-DIAN	45 164 780 567
621834829	UNITED MINING SUPPLY	35 813 831 244
890263130	CHINA ROAD AND BRIDGE CORPORATION GUINEE SUCCRSALE	22 681 446 111
832305759	ETABLISSEMENTS ELHADJ DEMBA KOULIBALY	21 552 500 000
871080257	SOCIETE CHAIN HOTEL CONAKRY SA	20 893 074 712
526398631	MATHURIN MILLIMONO / MULL - IMPRESSION	20 267 501 949
828932186	VISION 2000 COMMUNICATION PLUS SARL	19 998 864 000
575701560	SOCIETE SPACE PLAST SARL	19 417 392 412
771860772	ELECNOR SUCC	18 892 191 709
703457069	CIE DES BAUXITES DE GUINEE	18 241 969 394
240057125	SOCIETE MAXAM GUINEE SARL UNIP	14 201 246 418
628599540	NEW TECHNOLOGIES WITH COMMUNICATION CONSULTING & SERVICES	13 639 570 860
556305449	ECOBANK GUINEE	13 041 043 783
852622687	TotalEnergies Marketing Guinée SA	11 836 465 902
398566762	SOCIETE SOL GUINEE SAU	11 526 482 800
330422510	BUREAU DE LA MAIN D'OEUVRE PORTUAIRE	11 303 094 132
433727930	SGS MINERAL SERVICE GUINEE-SARL	11 113 295 509
124348764	WACOM KOUROUSSA	10 236 810 657
166081992	PICCINI GUINEE SAUNIP	10 119 647 143
285163162	OFFICE GUI DE PUBLICITE	9 811 602 164
585353915	CHINA INTERNATION WATER et ELECTRIC CORPORATION SARL	9 676 781 627
549137867	SOCIETE AREEBA - GUINEE SA	9 320 390 378
	Total du stock pour les 30 contribuables ayant le plus d'arriérés	1 239 063 274 192

13-SAFiG :

Déclaration taxe sur la valeur ajoutée (TVA)

Déclaration impôt minimum forfaitaire (IMF)

Avis de débit epaiement

Déclaration taxe sur la valeur ajoutée pour compte de tiers locaux (TVATL)

REPUBLIQUE DE GUINEE
Travail – Justice – Solidarité
MINISTERE DU BUDGET
DIRECTION NATIONALE DES IMPÔTS

DECLARATION
IMPOT MINIMUM FORFAITAIRE (IMF)

Document généré sur le portail eTax Guinée le : 14/02/2021 23:41:14

Période d'imposition :	Janvier 2021	**Centre fiscal :**	SME 1
Référence déclaration :	DECL5199578465	**Date de la déclaration :**	14/02/2021

00 CONTRIBUABLE

NIFp :	141520015	**Clé TVA :**	5C
Nom ou raison sociale :	SOCIETE METAL MIX GUINEE SARL	**Forme juridique :**	Société a respo...
Représentant en Guinée :		**Date de création :**	25/09/2014
Activité principale :	Industrie	**Type de contribuable :**	SARL
Adresse physique :	SANOYAH COYAH		

01 DETERMINATION DU MONTANT A PAYER

#	Désignation	Montant
10	Chiffre d'affaire de l'année précédente	9 747 966 729
20	**Impôt minimum forfaitaire dû**	292 439 003
30	**Montant à payer**	45 000 000

Montant à payer 45 000 000

A l'attention du contribuable déclarant
Ce document présente les montants que vous avez déclarés sur le portail eTax Guinée et qui ont été enregistrés par l'administration fiscale.
En cas de solde débiteur, merci de procéder au paiement par télépaiement sur le portail eTax Guinée, ou en vous rendant à nos caisses avec ce document et avant l'échéance.

Déclaration transmise par :
M'BEMBA FOFANA
CHEF COMPTABLE

Direction Nationale des Impôts – Intersection Rue KA001 - Corniche Nord Rue 039 – Quartier Almamy - Commune Kaloum République de Guinée – BP 590
Tél : +224 669 39 20 14 – Email : etax@dni.gov.gn

REPUBLIQUE DE GUINEE
Travail – Justice – Solidarité

MINISTERE DU BUDGET
DIRECTION NATIONALE DES IMPÔTS

DECLARATION
TAXE SUR LA VALEUR AJOUTEE (TVA)

Document généré sur le portail eTax Guinée le : 14/02/2021 23:32:04

Période d'imposition :	Janvier 2021	**Centre fiscal :**	SME 1
Référence déclaration :	DECL330321845N	**Date de la déclaration :**	14/02/2021

00 CONTRIBUABLE

NIFp :	341520015	**Clé TVA :**	5C
Nom ou raison sociale :	SOCIETE METAL MIX GUINEE SARL	**Forme juridique :**	Société à respo...
Représentant en Guinée :		**Date de création :**	25/09/2014
Activité principale :	Industrie	**Type de contribuable :**	SARL
Adresse physique :	SANOYAH COYAH		

01 OPERATIONS IMPOSABLES

#	Désignation	Montant
10	Exportations et transport internationaux	0
20	Ventes	1 408 507 544
30	Prestations de services	0
40	Marchés publics	0
50	Livraisons et prestatation à soi-même	0
60	**Total chiffre d'affaires taxable (10+20+30+40+50)**	1 408 507 544

02 OPERATIONS NON IMPOSABLES

#	Désignation	Montant
70	Opérations exonérées légales	0
80	Opérations exonérées conventionnelles	0
90	**Total chiffre d'affaires non taxable (70+80)**	0

03 TVA BRUTE

#	Désignation	Montant
100	**Chiffre d'affaire total (60+90)**	1 408 507 544
110	**Base de TVA à 0% (ligne 10 * 0%)**	0
120	**Base de TVA à 18% ((lignes 60-10) * 18%)**	253 531 358

04 DEDUCTIONS DU MOIS

#	Désignation	Montant
130	Déductions sur biens et services ne constituant pas des immobilisations sur importation	243 925 985
140	Déductions sur biens et services ne constituant pas des immobilisations sur autres biens et services	6 438 874
150	Déductions sur immobilisations sur importations	0
160	Déductions sur immobilisations sur autres biens et services / sur autres acquisitions	0
170	**Total déductions du mois (130+140+150+160)**	250 364 859

eDeclaration transmise par :
M'BEMBA TOFANA
CHEF COMPTABLE

Direction Nationale des Impôts – Intersection Rue KA001 - Corniche Nord Rue 036 - Quartier Almamy - Commune Kaloum République de Guinée – BP 599
Tél : +224 669 39 20 14 – Email : etax@dni.gov.gn

REPUBLIQUE DE GUINEE
Travail – Justice – Solidarité

MINISTERE DU BUDGET
DIRECTION NATIONALE DES IMPÔTS

DECLARATION
TAXE SUR LA VALEUR AJOUTEE (TVA)

Document généré sur le portail eTax Guinée le : 14/02/2021 23:32:04

Période d'imposition :	Janvier 2021	**Centre fiscal :**	gme 1
Référence déclaration :	MBCL330511645W	**Date de la déclaration :**	14/02/2021

00 CONTRIBUABLE

NIFp :	141826015	**Clé TVA :**	5C
Nom ou raison sociale :	SOCIETE METAL MIX GUINEE SARL	**Forme juridique :**	Société à respo...
Représentant en Guinée :		**Date de création :**	25/09/2014
Activité principale :	Industrie	**Type de contribuable :**	SARL
Adresse physique :	SANOYAH COYAH		

05 DECOMPTE DE LA TVA NETTE A PAYER

#	Désignation	Montant
180	TVA brute (ligne 120)	253 531 358
190	Reversement à effectuer	0
200	**Total TVA brute (180+190)**	253 531 358
210	**Total déductions (ligne 170)**	250 364 859
220	Report de crédit du mois précédent	501 037 972
230	Déduction de la retenue 50% TVA	0
240	Complément de déductions	0
250	TVA pour compte déductible du mois précédent	0
260	**Total TVA déductible (210+220+230+240+250)**	751 402 831

06 TVA A PAYER, A REPORTER

#	Désignation	Montant
270	**TVA nette à payer (200-260)**	0
280	**Crédit de TVA à reporter (260-200)**	497 871 473

TVA nette à payer (200-260)	0
Crédit de TVA à reporter (260-200)	497 871 473

A l'attention du contribuable déclarant
Ce document présente les montants que vous avez déclarés sur le portail eTax Guinée et qui ont été enregistrés par l'administration fiscale.
En cas de solde débiteur, merci de procéder au paiement par télépaiement sur le portail eTax Guinée, ou en vous rendant à nos caisses avec ce document et avant l'échéance.

Déclaration transmise par :
M'BEMBA FOFANA
CHEF COMPTABLE

Direction Nationale des Impôts – Intersection Rue KA031 - Corniche Nord Rue 035 – Quartier Almamy - Commune Kaloum République de Guinée – BP 599
Tél. +224 669 39 20 14 – Email :

14-SAFiG :
Projet eTax guinée présentation du projet
à Monsieur le Premier Ministre, chef du gouvernement

ika, éditeur français de solutions digitales
ika (France)
Société française, nous conseillons nos clients et réalisons leurs applications informatiques sur-mesure en un temps record en nous appuyant sur des technologies open source. Notre équipe d'experts vous accompagne dans vos projets :
Finances Publiques & eGouvernement
Banque, Assurance, Protection Sociale
Logiciel Métier
Portail e-Services
Application Mobile (iOS & Android)
Flux et échanges de données
SEPMBPE
giz
BGFIBank
CIH BANK
NSIA
orange
TOTAL
VINCI
DGI
BR
Exemples de projets récents de modernisation d'administration fiscale
Côte d'Ivoire
e-impôts
Burkina Faso
eSintax
Madagascar
e-Hetra
dni

La digitalisation de la Direction Nationale des Impôts de Guinée

L'architecture de la solution informatique eTax Guinée qui sera réalisée

Objectifs :
Offrir aux contribuables une solution moderne leur permettant de réaliser l'ensemble de leurs obligations fiscales en ligne

Portail eTax Guinée
https://etax.gov.gn

Les nouveaux outils proposés par la DNI permettront d'offrir à tous les contribuables la possibilité de réaliser toutes leurs obligations fiscales en ligne. Ils doivent pouvoir télédéclarer, télépayer, consulter leur compte fiscal, de réaliser des demandes d'attestations ou d'imprimer des quittances en toute autonomie.

Objectifs :
Offrir aux agents de la DNI un outil puissant de gestion, de contrôle et d'analyse à 360° des contribuables

Logiciel de Gestion Interne
Système de Gestion de l'Administration Fiscale

Tous les processus de gestion de la DNI seront automatisés pour une sécurisation des recettes et une amélioration du fonctionnement de notre administration.

dni

Les piliers structurants du projet eTax Guinée

Une modernisation de la Direction Nationale des Impôts

1 Une dématérialisation totale du processus de déclaration et de paiement des impôts

Un portail de téléprocédures fiscales permettra à tous les contribuables guinéens de réaliser leurs obligations fiscales en ligne (télédéclaration, télépaiement, demande d'attestations, courriers,...)

2 Une vision complète à 360° sur les contribuables avec une automatisation des processus de gestion

Un nouvel outil informatique interne sera mis en place pour les agents de la DNI afin de disposer en temps réel de la situation fiscale des contribuables. Les procédures liées à l'assiette, la recette et la comptabilité seront automatisées et gérées autour de workflow dématérialisés.

3 Une analyse-risque des contribuables et des outils d'aide à la décision

Le système détectera automatiquement les défaillants, les calculs d'impôt, le respect des échéances, et la cohérence des déclarations. Chaque contribuable sera ainsi évalué et noté par le système, pour faciliter la programmation et l'exécution des contrôles qui seront organisées autour de processus.

4 Une célérité des flux de trésorerie et une automatisation de la production de la comptabilité

Le processus d'encaissement des recettes devra être optimisé au maximum afin de permettre une célérité dans la mise à disposition des ressources au Trésor Public. Une automatisation des travaux des receveurs avec la production automatique des flux comptables.

Les objectifs de la digitalisation pour la DNI
Des résultats à atteindre
Digitalisation de la DNI
BASES DE DONNEES DNI
PRATIQUES FISCALES
DOSSIERS FISCAUX NUMERIQUES
MODERNISATION DE LA DNI
Sécuriser et automatiser les processus de gestion
› Des processus automatisés et structurés autour de workflow
› Sécurité de l'information et transparence
› Plus d'interactivité
› Moins de papier, moins de classement
Améliorer le contrôle des contribuables
› Vision globale et en temps réel de l'activité des contribuables
› Analyse comportementale et notation
› Suivi des contrôles sur pièces et des contrôles sur place
Amélioration du civisme fiscal
› Contribuable plus à l'aise pour déclarer car les procédures sont plus simples et plus rapides
› Application de la règle automatique pour tous les contribuables
› Contrôle automatique des données communiquées par le contribuable
Hausse des recettes fiscales et élargissement de l'assiette
› Plus de temps pour les agents donc plus de contrôle
› Meilleure connaissance par les agents des dossiers fiscaux
› Vision globale à 360° des contribuables avec identification des contribuables non immatriculés (fournisseurs des contribuables)
Amélioration du Climat des Affaires (Doing Business)
› Diminution du temps passé à réaliser ses obligations fiscales
› Amélioration de la Catégorie Paiement des Impôts du Doing Business
› Gain de place pour la Guinée dans le classement mondial
dni

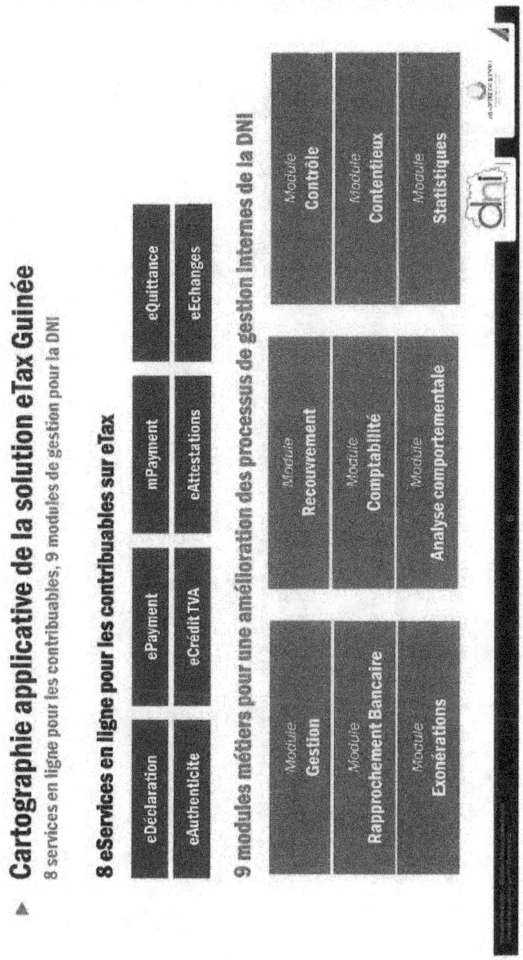
Cartographie applicative de la solution eTax Guinée
8 services en ligne pour les contribuables, 9 modules de gestion pour la DNI
8 eServices en ligne pour les contribuables sur eTax
eDéclaration
ePayment
mPayment
eQuittance
eAuthenticite
eCrédit TVA
eAttestations
eEchanges
9 modules métiers pour une amélioration des processus de gestion internes de la DNI
Module Gestion
Module Recouvrement
Module Contrôle
Module Rapprochement Bancaire
Module Comptabilité
Module Contentieux
Module Exonérations
Module Analyse comportementale
Module Statistiques
dni

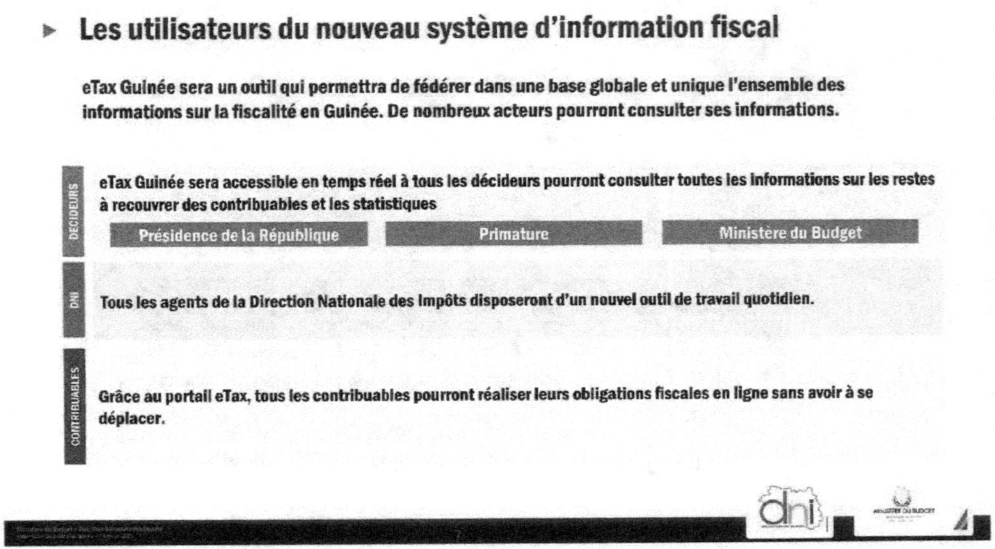
Les utilisateurs du nouveau système d'information fiscal
eTax Guinée sera un outil qui permettra de fédérer dans une base globale et unique l'ensemble des informations sur la fiscalité en Guinée. De nombreux acteurs pourront consulter ses informations.
DECIDEURS
eTax Guinée sera accessible en temps réel à tous les décideurs pourront consulter toutes les informations sur les restes à recouvrer des contribuables et les statistiques
Présidence de la République
Primature
Ministère du Budget
DNI
Tous les agents de la Direction Nationale des Impôts disposeront d'un nouvel outil de travail quotidien.
CONTRIBUABLES
Grâce au portail eTax, tous les contribuables pourront réaliser leurs obligations fiscales en ligne sans avoir à se déplacer.
dni

Une mise en œuvre progressive en 3 lots
12 mois pour la finalisation de tous les lots
Lot 1
eTax Guinée
Service des Grandes Entreprises
Le lot 1 permettra à la DNI de disposer d'un portail sécurisé sur Internet permettant aux contribuables du SGE de réaliser des télédéclarations et des télépaiements en ligne.
Fin Avril 2020
Lot 2
eTax Guinée - Tous les contribuables
Logiciel Gestion - Service Grandes Entreprises
Le lot 2 permettra un renforcement des fonctionnalités d'eTax Guinée et son ouverture progressive à tous les contribuables.
Le nouveau logiciel de gestion sera mis en production pour les agents du SGE permettant d'automatiser les processus critiques de l'assiette, la recette et la comptabilité.
Octobre 2020
Lot 3
Logiciel Gestion
Système finalisé avec le contrôle fiscal
Avec la livraison du lot 3, le nouveau logiciel de gestion disposera de nouvelles fonctionnalités liées au contrôle fiscal, à l'analyse comportementale et à la gestion du contentieux.
A partir de cette livraison, la DNI pourra progressivement le déployer dans ses différents centres fiscaux en toute autonomie.
Janvier 2021
dni

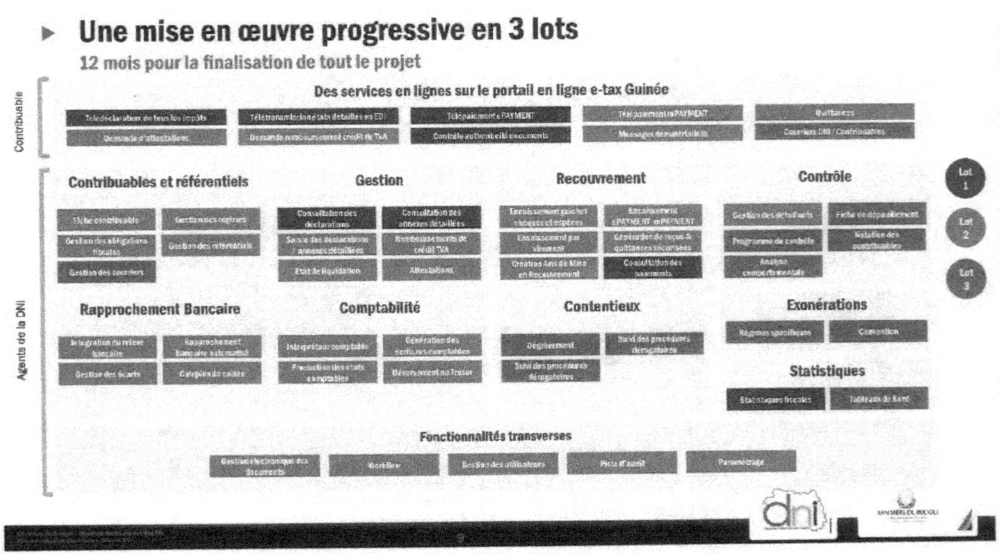
Une mise en œuvre progressive en 3 lots
12 mois pour la finalisation de tout le projet
Contribuable
Des services en lignes sur le portail en ligne e-tax Guinée
Demande d'attestations
Contribuables et référentiels
Gestion
Recouvrement
Contrôle
Lot 1
Lot 2
Lot 3
Gestion des courriers
Consultation des déclarations
Consultation des annexes détaillées
Remboursements de crédit TVA
Attestations
Agents de la DNI
Rapprochement Bancaire
Comptabilité
Contentieux
Exonérations
Régimes spécifiques
Convention
Gestion des écarts
Interprétateur comptable
Dégrèvement
Statistiques
Statistiques fiscales
Tableaux de bord
Fonctionnalités transverses
Workflow
Gestion des utilisateurs
Piste d'audit
Paramétrage

▸ Focus sur le lot 1 – eTax Guinée pour les Grandes Entreprises

Un « quick win » dans moins de 100 jours avec une mise en production avant la fin avril 2020

Des ateliers ont été organisés avec les équipes de la DNI, de la DNTCP, de la DNSI et de l'ensemble des Banques primaires en Guinée afin de définir le fonctionnement cible de la solution eTax Guinée.

ADHESION SIMPLE ET SECURISEE

- Demande d'adhésion en ligne
- Connexion Login / Mot de Passe / Code de connexion unique

eDéclaration

- Télédéclaration de tous les formulaires d'impôts pour le SGE
- Transmission des états annexés par EDI
- Consultation de l'historique des télédéclarations

ePayment

- Télépaiement par ePAYMENT
- Consultation de l'historique des télépaiements

ESPACE DOCUMENTS

- Stockage au format PDF de l'ensemble des documents générés
- Génération des quittances en ligne

ADMINISTRATION COMPTE ENTREPRISE

- Création des utilisateurs par profil
- Gestion des multiples signatures pour validation des ePAYMENT

dni

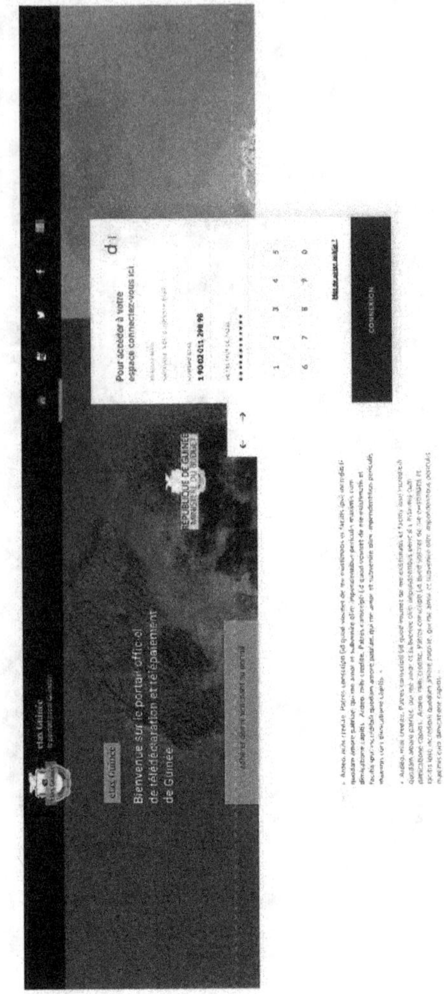
Bienvenue sur le portail officiel
de télédéclaration et télépaiement
de Guinée
Pour accéder à votre
espace connectez-vous ici
CONNEXION

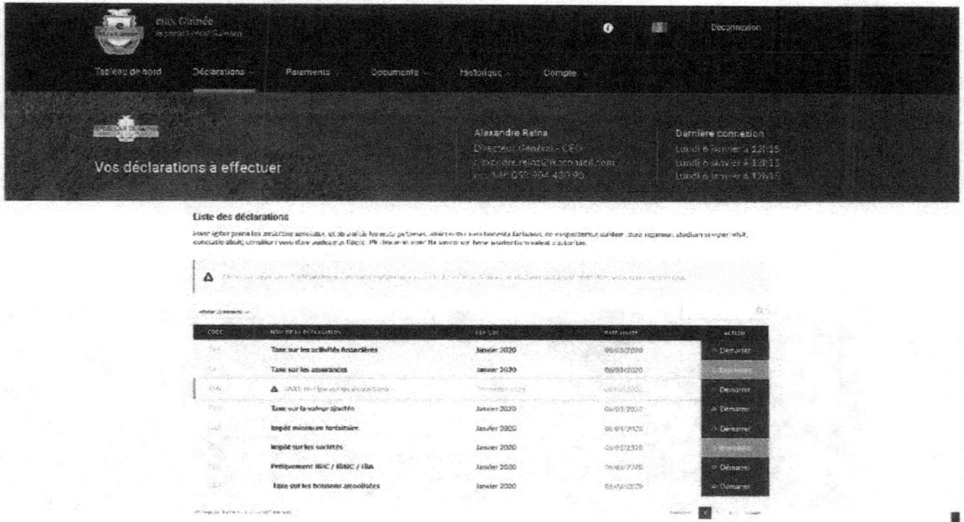
Tableau de bord
Déclarations
Paiements
Documents
Historique
Compte
Déconnexion
Vos déclarations à effectuer
Alexandre Reina
Dernière connexion
Liste des déclarations
CODE
ACTION
Taxe sur les activités financières
Janvier 2020
Taxe sur les assurances
Janvier 2020
Taxe sur la valeur ajoutée
Janvier 2020
Impôt minimum forfaitaire
Impôt sur les sociétés
Janvier 2020
Prélèvement IBIC / IBNC / IRA
Janvier 2020
Taxe sur les boissons alcoolisées
Janvier 2020
Démarrer
Démarrer
Démarrer
Démarrer
Démarrer
Démarrer

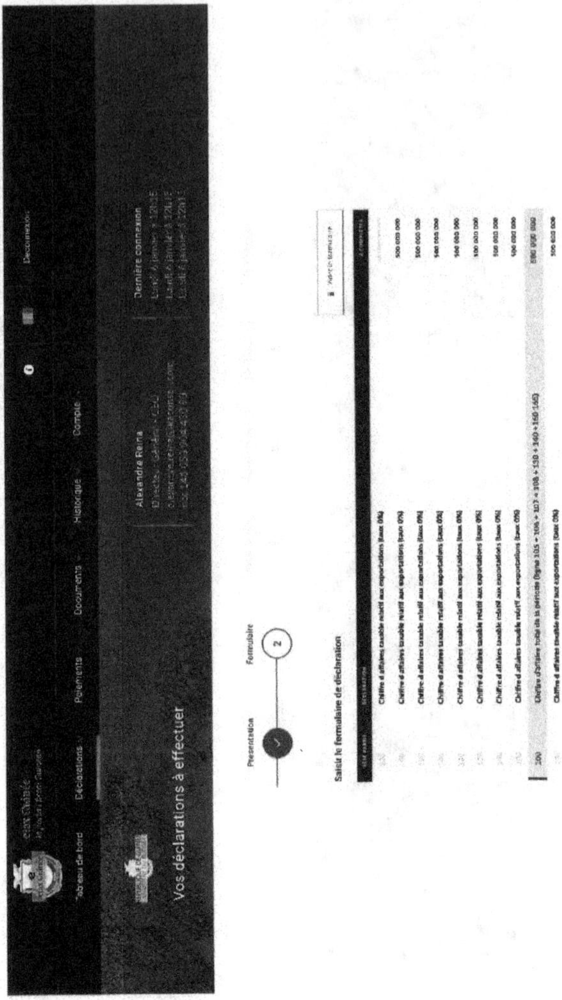

Tableau de bord
Déclarations
Paiements
Documents
Historique
Compte
Déconnexion
Alexandre Reina
Dernière connexion
Vos déclarations à effectuer
Présentation
Formulaire
Saisir le formulaire de déclaration

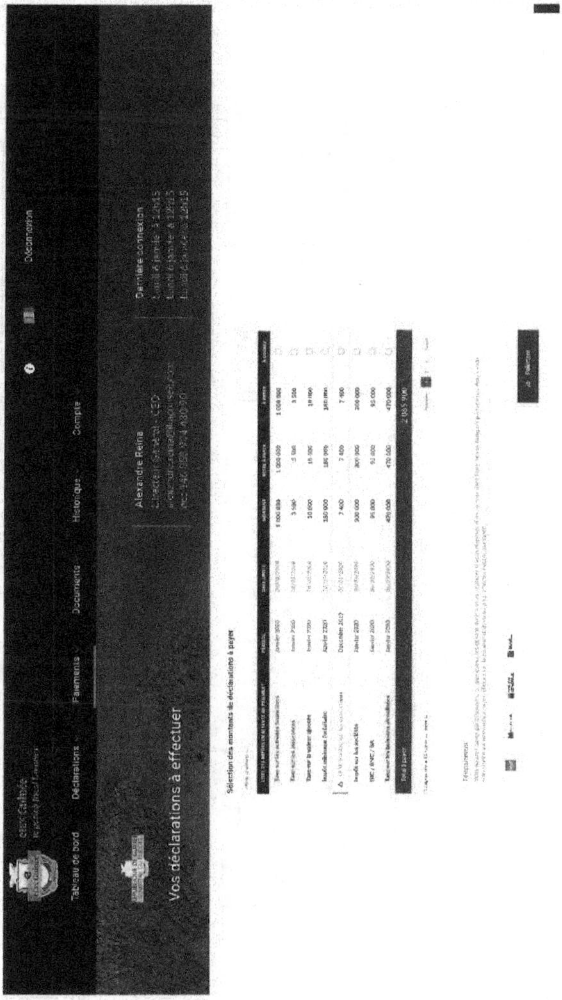
Tableau de bord
Déclarations
Paiements
Documents
Historique
Compte
Déconnexion
Vos déclarations à effectuer
Alexandre Reina
Directeur Général - CEO
Dernière connexion
Sélection des montants de déclarations à payer

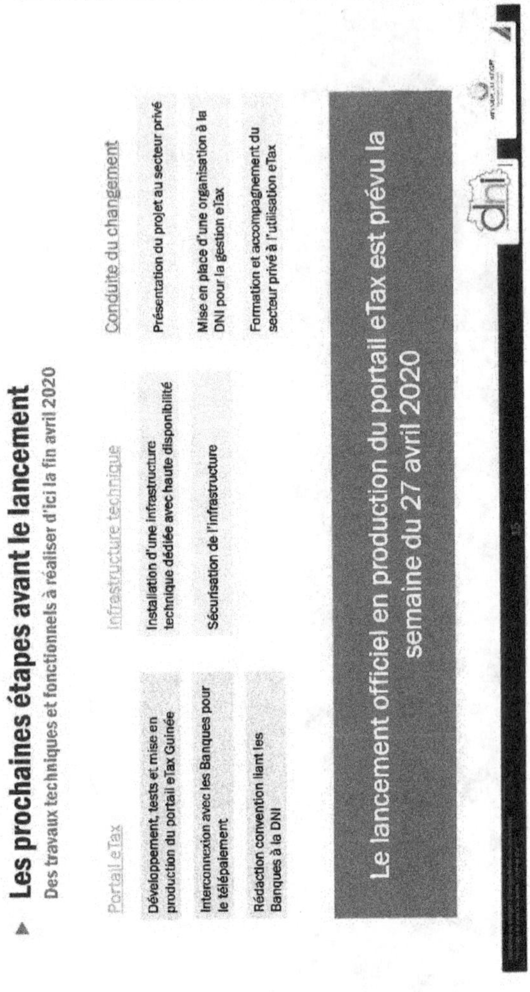
Les prochaines étapes avant le lancement
Des travaux techniques et fonctionnels à réaliser d'ici la fin avril 2020
Portail eTax
Développement, tests et mise en production du portail eTax Guinée
Interconnexion avec les Banques pour le télépaiement
Rédaction convention liant les Banques à la DNI
Infrastructure technique
Installation d'une infrastructure technique dédiée avec haute disponibilité
Sécurisation de l'infrastructure
Conduite du changement
Présentation du projet au secteur privé
Mise en place d'une organisation à la DNI pour la gestion eTax
Formation et accompagnement du secteur privé à l'utilisation eTax
Le lancement officiel en production du portail eTax est prévu la semaine du 27 avril 2020
dni
15

▸ **Questions / Réponses**

Merci pour votre attention

15-PROJET ETAX

15- Digitalisation de la collecte et du recouvrement des impôts et taxes en république de guinée

Présentation a son Excellence, Monsieur le Président de République, le 3 mars 2021

▸ Ordre du jour

ika

1. **Présentation du Programme de Transformation Digitale de la DNI**

2. **Lot 1 : Portail eTax**
   a) A propos
   b) Démonstration

3. **Lot 2 : Présentation du système SAFIG**
   a) A propos
   b) Calendrier de réalisation

4. **Perspectives**

RÉPUBLIQUE DE GUINÉE
MINISTÈRE DU BUDGET

2

▸ Programme de transformation - Direction Nationale des Impôts

Un projet stratégique pour l'amélioration de la collecte et du recouvrement des impôts en Guinée

ika

La Direction Nationale des Impôts est engagée dans un programme majeur de transformation

Stratégie et Objectifs

- Stratégie globale de **sécurisation totale de l'encaissement** des impôts et taxes en Guinée
- **Payer ses impôts en Guinée doit être simple et transparent**
- **Doublement des recettes** fixés de la Direction Nationale des Impôts

Des acquis déjà en place à la DNI

- Un projet **NIFp permament** réalisé avec succès
- **Une réforme Virement RTGS généralisée**
- **Des interconnexions entre les régies déjà opérationnelles**

Stratégie de Digitalisation

- Mise en place d'un nouvel outil intégré de gestion des impôts en Guinée :
  - **Portail eTax**

    Toutes les démarches en ligne pour les contribuables
  - **SAFIG (Système de l'Administration Fiscale Guinéenne)**

    Une automatisation et sécurisation des tâches des agents dans un outil intégré

3

Les objectifs de la Digitalisation de la DNI

Une automatisation et une sécurisation des processus de collecte et de recouvrement des impôts et taxes

ika

1 Une intégration de tous les processus de gestion de la DNI dans un outil informatique unique

Tous les métiers de la DNI (immatriculation, gestion, recette, contrôle,...) partageront les mêmes informations et référentiels et seront centralisés dans une base de données unique intégrant tout l'historique.

2 Une vision complète à 360° sur tous les dossiers avec une automatisation du suivi

Le système sera articulé autour d'un moteur de gestion par dossiers avec workflows basés sur les procédures et le code général des impôts. Déclarations, contrôles, contentieux, règlements, ..., seront liés pour faciliter la navigation. L'historique des évènements et commentaires restera disponible à tout moment

3 Une analyse par les risques des contribuables et un outil d'aide à la décision

Le système contrôlera automatiquement les calculs d'impôt, le respect des échéances, et la cohérence des déclarations par rapport aux données de recoupements. Chaque contribuable sera ainsi évalué et noté par le système, pour faciliter la programmation et l'exécution des contrôles.

4 Une maîtrise et une célérité des flux de trésorerie

L'ensemble des recettes seront centralisées sur un compte bancaire à la BCRG avec une automatisation des flux avec la BCRG

5 Une modernisation du processus d'encaissement des recettes

Les contribuables devront désormais payer exclusivement les déclarations spontanées mais également leurs pénalités, AMR par ePayment et par mobile money

6 Dématérialisation complète de la relation avec tous les adhérents grâce à eTax

La totalité des démarches des contribuables devront être effectuées en ligne (spontanés et arriérés). Les avis, notifications, attestations et autres documents seront remis en ligne pour une relation dématérialisée jusque dans le suivi des contrôles, des poursuites et du contentieux.

4

Rappel des échéances clés du projet de Digitalisation

Mise en place de deux outils informatiques puissants (eTax & SAFIG)

ika

Lot 1	*Portail eTax Télédéclaration et télépaiement pour les contribuables*	<u>Septembre 2020</u>	*Portail front-office pour les contribuables disponibles avec la télédéclaration et le télépaiement*
Lot 2	*SAFIG Système de l'Administration Fiscale Guinéenne*	<u>Avril 2021</u>	*Informatisation des processus de gestion, de recouvrement et de statistiques* *Mise en place du paiement par mobile money* *Déploiement de la solution aussi bien au SGE que dans les SME*

Les fonctionnalités du lot 3 ont été intégrées au lot 2 suite aux instructions des hautes autorités (déploiement SME, notation des contribuables, programme de contrôle).

L'intervention du prestataire informatique ika se poursuivra jusqu'en septembre 2021 pour améliorer la solution suite à leur déploiement dans les services des Grandes et des Moyennes Entreprises.

RÉPUBLIQUE DE GUINÉE
MINISTÈRE DU BUDGET

5

Les principes clés du nouveau système informatique de la DNI

ika

1	Une obligation d'utiliser le portail eTax	Tous les contribuables ont l'obligation d'utiliser eTax pour la déclaration et le paiement de leurs impôts
2	Un rapprochement bancaire automatique	Centralisation de toutes les recettes dans trois comptes bancaires domiciliés à la BCRG (Compte RSI, Compte Pénalités, Compte TVA50%) gérés par un Comptable qui supervise le rapprochement bancaire automatique et la transmission des informations aux postes de base.
3	Des instruments de paiements électroniques	Télépaiement par eTax et mise en place du paiement par mobile
4	Des processus de gestion automatisés	Tous les processus seront automatisés pour un suivi dématérialisé des actes de gestion avec des worflow de validation
5	Des alertes pour un meilleur contrôle	Des outils de contrôle permettront d'alerter les agents d'assiette et de la vérification (défaillants, notation des contribuables, analyse comportementale)
6	Une sécurisation des documents	Tous les documents seront signés électroniquement par SAFIG avec QR Code et numéro unique vérifiable en ligne
7	Des statistiques fiables	Des reportings par centre, etc. généré quotidiennement à partir d'une base de données unique sécurisée qui sont transmis quotidiennement aux autorités

RÉPUBLIQUE DE GUINÉE
MINISTÈRE DU BUDGET

6

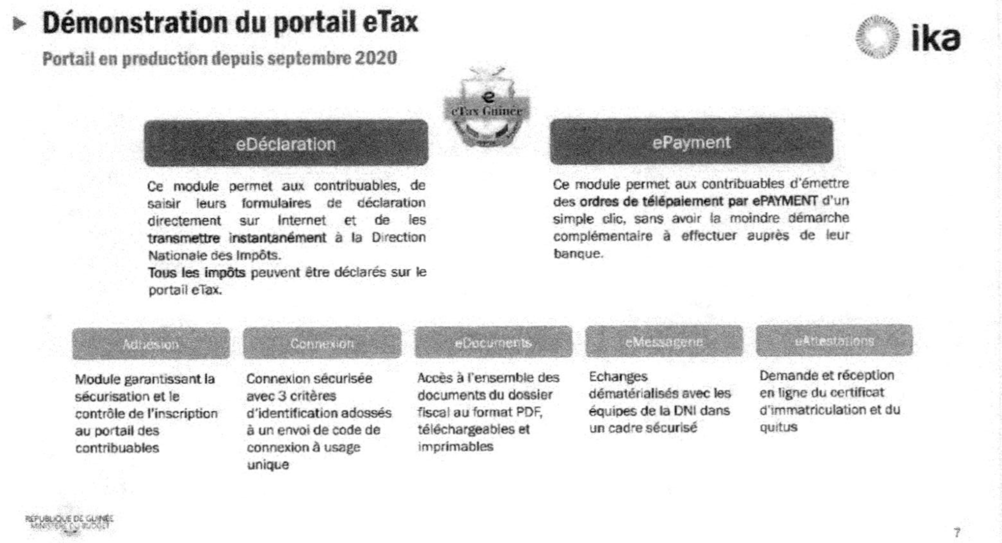
Démonstration du portail eTax
Portail en production depuis septembre 2020
ika
eTax Guinée
eDéclaration
Ce module permet aux contribuables, de saisir leurs formulaires de déclaration directement sur Internet et de les transmettre instantanément à la Direction Nationale des Impôts.
Tous les impôts peuvent être déclarés sur le portail eTax.
ePayment
Ce module permet aux contribuables d'émettre des ordres de télépaiement par ePAYMENT d'un simple clic, sans avoir la moindre démarche complémentaire à effectuer auprès de leur banque.
Adhésion
Module garantissant la sécurisation et le contrôle de l'inscription au portail des contribuables
Connexion
Connexion sécurisée avec 3 critères d'identification adossés à un envoi de code de connexion à usage unique
eDocuments
Accès à l'ensemble des documents du dossier fiscal au format PDF, téléchargeables et imprimables
eMessagerie
Echanges dématérialisés avec les équipes de la DNI dans un cadre sécurisé
eAttestations
Demande et réception en ligne du certificat d'immatriculation et du quitus
RÉPUBLIQUE DE GUINÉE
7

▸ eTax - Premiers résultats du lot 1

Mise en place de deux outils informatiques puissants (eTax & SAFIG)

ika

ADHERENTS	**1 400 entreprises adhérents à eTax** (soit 55% du fichier des Contribuables Fiscalement Actifs)
TELEDECLARATIONS EFFECTUEES	**Plus de 3 500 déclarations en ligne**
TELEPAIEMENTS EFFECTUES	**Plus de 1 000 milliards GNF encaissés en ligne**
BANQUES INTERCONNECTEES	**15 banques interconnectées à eTax**
QUITUS ET CERTIFICAT IMMATRICULATION EN LIGNE	**Plus de 300 eDocuments délivrés en 1 mois**

RÉPUBLIQUE DE GUINÉE
MINISTÈRE DU BUDGET

8

Démonstration eTax

Réaliser ses obligations fiscales entièrement en ligne

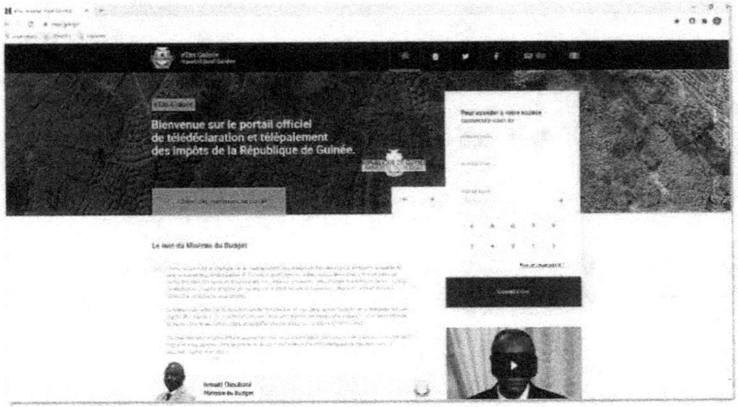

RÉPUBLIQUE DE GUINÉE
MINISTÈRE DU BUDGET

9

Perspectives eTax

ika

eTax
Obligatoire SGE/SME

A compter 1er avril 2021, 100% des contribuables du SGE et du SME devront réaliser leurs obligations fiscales dans eTax.
Des sanctions seront prises contre les contribuables ne respectant pas cette obligation.

Mobile Money

A compter 1er mai 2021, le paiement par mobile money par MTN et Orange Money sera disponible

RÉPUBLIQUE DE GUINÉE
MINISTÈRE DU BUDGET

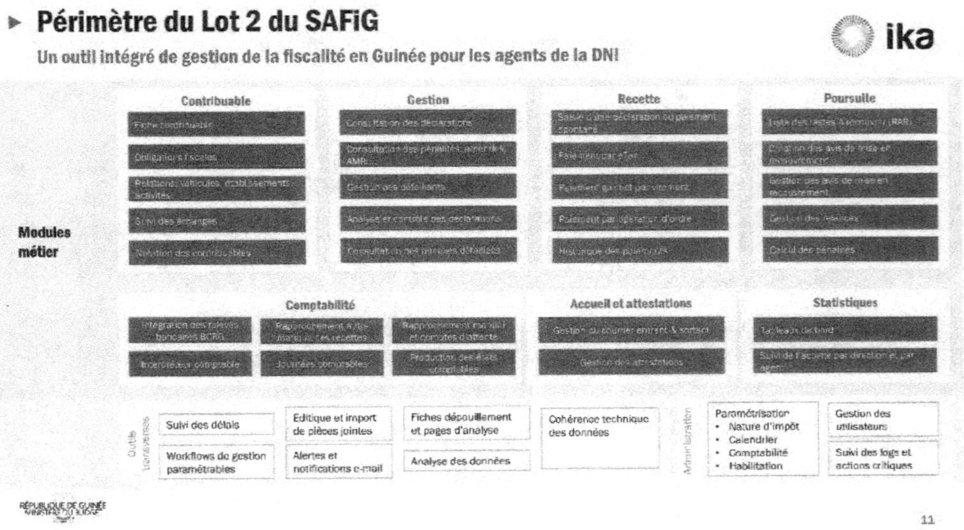
Périmètre du Lot 2 du SAFiG
Un outil intégré de gestion de la fiscalité en Guinée pour les agents de la DNI
ika
Modules métier
Contribuable
Gestion
Recette
Paiement par opération d'ordre
Poursuite
Calcul des pénalités
Comptabilité
Intégration des relevés bancaires BCRG
Journées comptables
Production des états comptables
Accueil et attestations
Gestion du courrier entrant & sortant
Gestion des attestations
Statistiques
Tableaux de bord
Outils transverses
Suivi des délais
Workflows de gestion paramétrables
Editique et import de pièces jointes
Alertes et notifications e-mail
Fiches dépouillement et pages d'analyse
Analyse des données
Cohérence technique des données
Administration
Paramétrisation
• Nature d'impôt
• Calendrier
• Comptabilité
• Habilitation
Gestion des utilisateurs
Suivi des logs et actions critiques
RÉPUBLIQUE DE GUINÉE
11

Calendrier pour la mise en production SAFiG

Une mise en production dans moins de 60 jours

29 mars 2021	Présentation de la version 1 du SAFiG
Entre le 30 mars et le 9 avril 2021	Tests du SAFiG et ajustements avec les équipes de la DNI
Entre le 12 et le 23 avril 2021	Installation du SAFIG à Conakry et préparation de la migration des données Formation des agents du SGE et du SME
Lundi 26 avril 2021	Lancement opérationnel en production du SAFiG qui devient l'outil de travail des équipes du SGE et du SME

RÉPUBLIQUE DE GUINÉE
MINISTÈRE DU BUDGET

12

▸ Technologie et Sécurisation du portail eTax

ika

1. **Un respect des meilleures pratiques internationales de développement d'un système d'information ;**

2. **Un outil qui sera la propriété de l'Etat Guinéen qui pourra exploiter la solution en toute autonomie à la fin du projet ;**

3. **Un hébergement provisoire actuel dans un datacenter sécurisé chez le prestataire sous sa responsabilité ;**

4. **Un hébergement en Guinée sous la responsabilité des équipes de la DNI à compter d'avril 2021 avec deux sites distants (Conakry et autre localité) et sauvegarde dans le datacenter du prestataire – le matériel en cours d'acheminement ;**

5. **Un transfert de technologie et de compétences aux équipes guinéennes qui sera réalisé par le prestataire.**

RÉPUBLIQUE DE GUINÉE
MINISTÈRE DU BUDGET

13

Proposition de perspectives (en discussion avec les PTF)

Une poursuite de la dynamique de digitalisation à partir de mai 2021

ika

1 Développement d'interfaces pour améliorer l'assiette fiscale

- Interface avec l'APIP, la CNSS, les Marchés Publics, les Banques pour identifier tous les contribuables actifs
- Mobilisation des équipes du BIF en charge de l'assujettissement de tous les contribuables créés par l'APIP avec supervision permanente
- Obligation de disposer du Certificat d'Immatriculation pour réaliser une activité professionnelle en Guinée avec sanctions si non respect

JUIN 2021

2 Développement de la solution eRemboursement Crédit TVA

- Demande exclusive en ligne
- Intelligence artificielle pour détecter les potentielles fraudes dans les demandes
- Workflows dématérialisés pour le traitement des demandes en zéro papier jusqu'au paiement

JUIN 2021

3 Développement de la solution eBilan

- Télétransmission des états financiers au format SISCOHADA Révisé dans eTax
- Intelligence artificielle pour comparer les données SAFiG aux états financiers (près de 100 pages de données à intégrer dans SAFiG)
- Création d'une centrale de bilan et d'un observatoire économique

OCTOBRE 2021

4 Développement de la solution eFacturation

- Création d'un système imposant l'enregistrement à la DNI de toutes les factures transmises au fournisseur avant demande de paiement
- Enregistrement en amont de toutes les factures
- Déploiement dans des secteurs pilotes pour mesurer l'impact sur les recettes (Mines,...)

OCTOBRE 2021

5 Développement eTax en application Apple & Android

- Création de l'App Mobile eTax pour permettre une généralisation à tous les contribuables guinéens (entreprises et particuliers)

JANVIER 2022

6 Généralisation eTax et SAFiG dans les postes déconcentrés

- Déploiement eTax et SAFiG pour la gestion et le recouvrement de tous les impôts dans des postes déconcentrés
- Intégration de tous les impôts pour permettre de centraliser toutes les recettes dans un outil unique

JANVIER 2022

14

18- Contrats de partenariat

19- Points de décisions sur les formulaires de télédéclaration de tva

ika

dni

Direction Nationale des Impôts
Monsieur le Directeur National des Impôts
Conakry
Guinée

Boulogne-Billancourt, le 4 mai 2020

Objet : Points de décisions sur les formulaires de télédéclaration de TVA

Monsieur le Directeur National des Impôts,

Pour faire suite à notre échange de ce jour, lundi 4 mai 2020, vous trouverez ci-dessous les points de décision que nous vous soumettons pour la gestion des formulaires de Taxe sur la Valeur Ajoutée, de TVA pour compte de tiers, et de précompte TVA.

Confirmation des formulaires des déclarations TVA

Il est proposé de créer dans eTax 4 formulaires liés à la gestion des déclarations de TVA.

1. Le formulaire **TVA** (tel qu'il existe dans la DMU) ;
2. Le formulaire de **TVA pour compte de tiers étrangers** qui sera créé et qui doit être identique au formulaire TVA ;
3. Le formulaire de **TVA pour compte de tiers locaux** qui sera créé et qui doit être identique au formulaire TVA ;
4. Le formulaire de **précompte de 50% de TVA** qui sera créé et sera identique au formulaire TVA, en supprimant les champs aux déductions.

Il est proposé d'intégrer pour chaque formulaire d'impôt la transmission d'annexes détaillées telles que décrites ci-dessous :

EDI TVA

1. Les données obligatoires dans les annexes détaillées

Grâce au système des annexes détaillées, le contribuable doit désormais justifier le montant de la TVA déductible en fournissant les données détaillées de toutes les factures associées.

Les données obligatoires qui devront être transmises par les contribuables dans les annexes détaillées TVA sont :

- Date de la facture

- o Date de paiement
- o NIFp ou Raison sociale
- o Référence de la facture
- o Nature des biens ou services
- o Montant hors taxe
- o Montant de la TVA
- o Montant de la TVA déductible

2. Contrôle de cohérence sur le NIFp

Le NIFp est une donnée actuellement obligatoire, mais nous n'avons pas activé de contrôle de cohérence : un NIFp inconnu ou inactif peut être renseigné.

Nous vous proposons d'effectuer un **contrôle a priori** sur le NIFp. Ainsi, le contribuable déclarant ne pourrait pas soumettre sa déclaration s'il justifie une déduction de TVA avec un NIFp non actif.

3. Rattachement des données

Nous vous proposons d'ajouter pur chaque facture transmise à la DNI le rattachement à une liste déroulante faisant référence au formulaire de déclaration. Chaque facture devra ainsi être rattachée :

- Soit aux déductions du mois (ligne 130 à 160)
- Soit à la déduction de la retenue 50% TVA (ligne 230)
- Soit à un complément de déductions (ligne 240)
- Soit à la TVA pour compte déductible du mois précédent (ligne 250)

Grâce à ce rattachement, toutes les déductions seront justifiées et facilement identifiables lors des contrôles.

4. Contrôle sur les montants

Avant la transmission du formulaire à la DNI, nous vous proposons trois modes de fonctionnement si le système eTax détecte que le montant déclaré ne correspond pas au montant justifié en annexe, de la plus permissive à la plus restrictive :

a. **Aucun contrôle** n'est fait a priori, les contrôles seront faits par les agents de la DNI dans un second temps.
b. **Un message d'erreur** est affiché au contribuable afin de l'informer de son erreur, mais aucun blocage ne l'empêche d'envoyer sa déclaration.
c. **La déclaration est bloquée,** le contribuable ne peut pas l'envoyer tant que les montants ne correspondent pas.

EDI TVA pour compte de tiers étrangers

1. Les données obligatoires dans les annexes détaillées

Les données obligatoires qui devront être transmises par les contribuables dans les annexes détaillées sont :

- o Date de l'importation
- o Date de paiement
- o Raison sociale ou Numéro Fiscal

- Pays
- Référence de la facture
- Nature des biens ou services
- Montant hors taxe
- Montant de la TVA
- Montant de la TVA déductible

2. Rattachement des données

Nous vous proposons d'ajouter pur chaque facture transmise à la DNI le rattachement à une liste déroulante faisant référence au formulaire de déclaration. Chaque facture devra ainsi être rattachée :

- Soit aux déductions du mois (ligne 130 à 160)
- Soit à la déduction de la retenue 50% TVA (ligne 230)
- Soit à un complément de déductions (ligne 240)
- Soit à la TVA pour compte déductible du mois précédent (ligne 250)

Grâce à ce rattachement, toutes les déductions seront justifiées et facilement identifiables lors des contrôles.

3. Contrôle sur les montants

Avant la transmission du formulaire à la DNI, nous vous proposons trois modes de fonctionnement si le système eTax détecte que le montant déclaré ne correspond pas au montant justifié en annexe, de la plus permissive à la plus restrictive :

a. **Aucun contrôle** n'est fait a priori, les contrôles seront faits par les agents de la DNI dans un second temps.
b. **Un message d'erreur** est affiché au contribuable afin de l'informer de son erreur, mais aucun blocage ne l'empêche d'envoyer sa déclaration.
c. **La déclaration est bloquée**, le contribuable ne peut pas l'envoyer tant que les montants ne correspondent pas.

EDI TVA pour compte de tiers locaux

1. Les données obligatoires dans les annexes détaillées

Les données obligatoires qui devront être transmises par les contribuables dans les annexes détaillées sont :

- Date de la facture
- Date de paiement
- Raison sociale ou NIFp
- Référence de la facture
- Nature des biens ou services
- Montant hors taxe
- Montant de la TVA
- Montant de la TVA déductible

2. Contrôle de cohérence sur le NIFp

Comme pour la TVA, vous proposons d'effectuer un **contrôle a priori** sur le NIFp. Ainsi, le contribuable déclarant ne pourrait pas soumettre sa déclaration s'il justifie une déduction de TVA avec un NIFp non actif.

3. Rattachement des données

Nous vous proposons d'ajouter pur chaque facture transmise à la DNI le rattachement à une liste déroulante faisant référence au formulaire de déclaration. Chaque facture devra ainsi être rattachée :

- Soit aux déductions du mois (ligne 130 à 160)
- Soit à la déduction de la retenue 50% TVA (ligne 230)
- Soit à un complément de déductions (ligne 240)
- Soit à la TVA pour compte déductible du mois précédent (ligne 250)

Grâce à ce rattachement, toutes les déductions seront justifiées et facilement identifiables lors des contrôles.

4. Contrôle sur les montants

Avant la transmission du formulaire à la DNI, nous vous proposons trois modes de fonctionnement si le système eTax détecte que le montant déclaré ne correspond pas au montant justifié en annexe, de la plus permissive à la plus restrictive :

a. **Aucun contrôle** n'est fait a priori, les contrôles seront faits par les agents de la DNI dans un second temps.
b. **Un message d'erreur** est affiché au contribuable afin de l'informer de son erreur, mais aucun blocage ne l'empêche d'envoyer sa déclaration.
c. **La déclaration est bloquée,** le contribuable ne peut pas l'envoyer tant que les montants ne correspondent pas.

EDI Précompte de 50% de TVA

1. Les données obligatoires dans les annexes détaillées

Les données obligatoires qui devront être transmises par les contribuables dans les annexes détaillées sont :

- Date de la facture
- Date de paiement
- Raison sociale ou NIFp
- Référence de la facture
- Nature des biens ou services
- Montant hors taxe
- Montant de la TVA
- Montant de la TVA déductible

ika dni

2. Contrôle de cohérence sur le NIFp

Comme pour la TVA, vous proposons d'effectuer un **contrôle a priori** sur le NIFp. Ainsi, le contribuable déclarant ne pourrait pas soumettre sa déclaration s'il justifie une déduction de TVA avec un NIFp non actif.

3. Contrôle sur les montants

Avant la transmission du formulaire à la DNI, nous vous proposons trois modes de fonctionnement si le système eTax détecte que le montant déclaré ne correspond pas au montant justifié en annexe, de la plus permissive à la plus restrictive :

a. **Aucun contrôle** n'est fait a priori, les contrôles seront faits par les agents de la DNI dans un second temps.
b. **Un message d'erreur** est affiché au contribuable afin de l'informer de son erreur, mais aucun blocage ne l'empêche d'envoyer sa déclaration.
c. **La déclaration est bloquée**, le contribuable ne peut pas l'envoyer tant que les montants ne correspondent pas.

Je reste à votre entière disposition pour toutes informations complémentaires.

Meilleures salutations,

Alexandre REINA
Directeur Associé

alexandre.reina@ikaconseil.com
+ 33 6 42 99 37 85

CONTRAT DE PARTENARIAT
ENTRE L'ETAT GUINEEN ET MTN MOBILE MONEY
POUR LA MOBILISATION ET L'ENCAISSEMENT DE LA CONTRIBUTION FONCIERE UNIQUE (CFU)

TIMBRE FISCAL
CD0940194

Entre

L'Etat Guinéen, représenté par **le Ministère du Budget,** sis à Conakry BP 519, agissant au nom et pour le compte de la Direction Nationale des Impôts, représenté par le Ministre du Budget, pris en la personne de **Monsieur Ismaël DIOUBATE**, agissant ès qualité, dûment habilité à l'effet d'engager l'Etat Guinéen par les présentes

Ci-après dénommée « **l'ETAT** » **ou l'**« **Accepteur** »

Et

La Société MTN Mobile Money , société anonyme avec Conseil d'Administration au capital de .Deux milliards Franc Guinéen. (2.000.000.000 GNF), ayant son siège social Almamya ., Commune de Kaloum, immatriculée au Registre du Commerce et du Crédit Mobilier de .... sous le RCCM /GC-KAL/070.731./2016., immatriculé à la Direction Nationale des Impôts sous le numéro NIF 000634Q4L avec le numéro TVA 4L, et agréée en qualité d'Etablissement de Monnaie Electronique par la décision .D/2015/003/CAM par le comité des agréments de la BCRG ;

Représentée par **Madame Aminata BERETE**, agissant en qualité de Directrice Générale dûment habilité aux fins des présentes.

Ci-après dénommée «**.MTN Mobile Money.**»

Collectivement désignés les « Parties » et individuellement la « Partie »

PREAMBULE

L'ETAT a développé un système informatisé d'adressage numérique et de géocodage pour l'identification et la localisation du patrimoine immobilier et foncier, ainsi des propriétaires et occupants, applicable sur l'ensemble du territoire national de la République de Guinée, dénommé Plateforme d'Adressage Numérique et de Géocodage en abrégé « PANG ».

Dans le cadre de la mise en œuvre de la PANG dont l'une des finalités est de contribuer à la lutte contre la fraude sur la mobilisation et le recouvrement efficace et efficient des impôts et taxes en matière immobilière ou foncière et la prévention de toute autre forme de criminalité, l'ETAT entend recourir aux fonctionnalités de la PANG pour mobiliser et recouvrer l'impôt foncier et spécifiquement la contribution foncière unique (CFU) en recourant à une solution digitale, sécurisée et accessible partout en Guinée.

Pour ce faire et conformément à la législation en vigueur en Guinée, notamment l'article 9 de l'annexe fiscale de la Loi de Finances Rectificative de septembre 2018 qui stipule que l'encaissement des recettes fiscales et non fiscales peut être effectué par les comptables publics dans des comptes transitoires ouverts en leur nom dans les banques commerciales et autres opérateurs financiers suivant les conditions de sélection prévues par le code des marchés publics, l'ETAT a pris l'option de recourir outre les modalités existantes, à l'encaissement des recettes fiscales et non fiscales via le service financier du paiement mobile.

Aussi, l'opérateur MTN Mobile Money (.Mobile Money) dont le réseau et les services de paiement mobile couvrent l'ensemble du territoire national avec . 6.000 points de vente a été approché pour permettre dans le cadre de la solution digitale sécurisée développée par la PANG, l'encaissement de la Contribution foncière unique (CFU).

MTN Mobile Money a développé une solution de paiement par mobile communément appelée «. Mobile Money. ».

Cette solution permet aux clients. MTN Mobile Money, dépourvus d'une solution de paiement à distance agréée par les banques de s'acquitter de divers frais et droits auprès des Administrations publiques et Entreprises privées sans avoir à se déplacer.
Convaincu que la solution de paiement mobile développée Mobile Money lui permettra d'atteindre ses objectifs au titre du volet collecte et encaissement de la CFU dans le cadre du déploiement du PANG, l'ETAT s'est rapproché de MTN Mobile Money pour proposer le mode de paiement électronique comme une alternative dans le cadre de sa politique de mobilisation et de recouvrement de la CFU auprès des personnes assujetties en République de Guinée.

Conscients des avantages que procure le système de paiement électronique et retombées en termes de plus-value, de célérité et de sécurité dans la mobilisation et l'encaissement de la CFU, les Parties ayant adhéré à la collaboration ainsi envisagée, ont décidé de fixer les termes de cet accord dans le présent contrat.

CELA PREALABLEMENT ETABLI, IL A ETE CONVENU ET ARRETE CE QUI SUIT :

ARTICLE 1. DEFINITIONS

Dans le cadre du présent Contrat les termes ci-après auront le sens qui leur est donné dans les définitions susvisées :

Aménagement : Distribution et décoration de l'espace intérieur et extérieur (Mobilier et PLV) du point de vente des distributeurs.

Assortiment : L'ensemble des produits référencés dans les points de vente des distributeurs.

CFU : Contribution Foncière Unique

Charte graphique : Termes de références qui régissent les codes couleurs, la forme, le logo des marques et enseignes.

Client ou client final : le ou les contribuables assujettis au paiement de la CFU

Contrat : le présent contrat et l'ensemble de ses Annexes.

Facture(s) : les documents de recouvrement de la CFU édités par l'Administration

ILV : Information sur les lieux de vente

Informations commerciales : Toutes informations sur les produits, services et sur la clientèle.

Note de Présentation Technique de la PANG : Document contenant la proposition technique résumée de l'Etat concernant l'exécution du Contrat.

PANG : Plateforme d'Adressage Numérique et de Géocodage

PLV : Publicité sur les lieux de vente

Produits concurrents : produits de même nature que ceux objet du présent Contrat destinés aux mêmes usages qui, par leur prix, s'adressent à une même catégorie de consommateurs quels que soient leur provenance, leur mode de fabrication ou d'emploi.

UV : signifie toute unité de valeur libellée en franc guinéen GNF, représentative d'un titre de créance sur MTN Mobile Money émettrice. **1 UV= 1 GNF**

..**Mobile Money** : moyen de paiement par le téléphone mobile développé par .MTN Mobile Money

ARTICLE 2. OBJET

Le présent contrat a pour objet de déterminer les modalités et conditions dans lesquelles MTN Mobile Money met à la disposition de l'ETAT, le service Mobile Money comme instrument de paiement de l'impôt foncier dénommé Contribution Foncière Unique (CFU) par tout client abonné audit service.

Ainsi le présent contrat vient compléter les conditions générales ainsi que les conditions spécifiques du compte MTN Mobile Money ouvert par l'ETAT dans les livres de MTN Mobile Money dans lequel seront logés ses avoirs en UV émis par MTN Mobile Money par suite de l'encaissement de CFU payés par les Contribuables.

ARTICLE 3. VALEUR DU PREAMBULE ET DES ANNEXES

Le préambule ci-avant et les annexes ci-après ont la même valeur juridique que les dispositions du présent Contrat, dont ils font partie intégrante.

ARTICLE 4. PIECES CONTRACTUELLES

Le Contrat comprend les documents contractuels suivants classés par ordre de priorité décroissante :

- Pièce N°1 : les présentes stipulations contractuelles ;
- Pièce N°2 : Annexe 1 - Note de présentation technique de la PANG ;
- Pièce N°3 : Annexe 2- Proposition Technique et Financière de Mobile Money pour le paiement de la CFU.

Le Contrat exprime l'intégralité des obligations des parties. Les correspondances, propositions, contrats ou accords antérieurs, écrits ou verbaux, relatifs au même objet, n'ont pas de valeur contractuelle.

Les titres des articles, des clauses et des annexes n'ont aucune valeur interprétative et ne figurent que pour faciliter la lecture du Contrat.

ARTICLE 5. DATE D'EFFET-DUREE

Le présent Contrat, qui prend effet à compter de sa date de signature par les Parties, est conclu pour une durée initiale d'un (1) an, renouvelable d'accord partie après évaluation des activités menées par MTN Mobile Money dans le cadre du présent Contrat par le Comité de Pilotage prévu à l'article 9 ci-dessous. La demande de renouvellement devra être introduite par la Partie la plus diligente dans un délai de trois (03) mois avant la date d'expiration du Contrat et l'accord et/ou le refus pour le renouvellement doit être connu, un mois avant la date d'expiration du Contrat.

Le présent Contrat peut être dénoncé à tout moment par l'une quelconque des Parties avec un préavis de deux (02) mois par courrier au porteur contre décharge ou par lettre recommandée avec accusé de réception.

ARTICLE 6. ENGAGEMENTS DES PARTIES

6.1 Engagements MTN Mobile Money

MTN Mobile Money s'engage à :

- Donner à l'ETAT, un accès web lui permettant d'éditer les transactions ;
- Accompagner l'ETAT, tout au long du partenariat ;
- Transférer les fonds encaissés dans un délai de vingt-quatre (24) heures, c'est-à-dire J+1 dans le compte bancaire public indiqué à l'article 8 ci-dessous ;
- Former les agents de l'ETAT sur l'utilisation du système d'information et des fonctionnalités du produit ;
- Assurer la traçabilité des opérations de paiements effectuées au titre des encaissements de la CFU et fournir en temps réel les détails des encaissements effectués à l'ETAT ;
- Permettre le suivi en temps réel des versements effectués au titre de la perception de la CFU avec les mises à jours toutes les heures ;
- Traiter les réclamations de l'ETAT dans un délai de cinq (05) jours à compter de la réception de cette réclamation.

6.2 Engagements de l'ETAT

L'ETAT s'engage à :

- Faire en sorte, dans la mesure du possible que, la Contribution Foncière Unique puisse être réglée au travers du service Mobile Money, sous les seules réserves et modalités prévues par le cahier des charges l'Annexe 1 ;
- Accepter le règlement de la CFU par transfert d'UV :
    - Pour autant toutefois que son propre compte Mobile Money soit dûment ouvert et fonctionne sans incident ;

- Dans le strict respect du dispositif de conformité MTN Mobile Money ;

- Appliquer strictement la politique tarifaire MTN Mobile Money convenue d'accord partie, relative à l'acceptation du paiement des services par UV ;
- Permettre aux Contribuables d'effectuer leurs règlements au titre du paiement de la CFU via Mobile Money sans contrepartie financière.

ARTICLE 7. PUBLICITE

Afin de promouvoir la solution de paiement par, l'ETAT s'engage à rajouter sur ses avis d'imposition au titre du recouvrement de la CFU, la mention suivante : « ***Les Paiements par Mobile Money sont acceptés. Pour toute information contacter le 6278 ou*** www.areeba.com.gn ».

Par ailleurs, MTN Mobile Money autorise l'ETAT, dans le strict cadre du Contrat et du Cahier des charges figurant en Annexe du présent contrat, à user paisiblement de sa marque, de son enseigne et de ses logos ; l'ETAT pourra ainsi utiliser ces marques et visuels dans ses services administratifs en charge du recouvrement de la CFU, dans le strict respect des chartes graphiques et sans que la qualité fonctionnelle et esthétique ou leur disposition intérieure ne déprécient l'image de marque des produits et services Mobile Money

L'ETAT assure la garde et l'entretien de la PLV et l'ILV relatives au service Mobile Money, transmis par MTN Mobile Money (enseignes, totems, décorations de façade) pendant toute la durée du Contrat. L'ETAT prendra en charge les coûts de réfection au cas où la PLV ou l'ILV seraient endommagées par son propre fait. Outre ces cas, MTN Mobile Money s'engage à changer la PLV et l'ILV à ses propres frais.

ARTICLE 8. STIPULATIONS FINANCIERES

8.1. Modalités d'Encaissement de la CFU

MTN Mobile Money procède à l'encaissement de la CFU via le service Mobile Money et transfère les fonds encaissés sur ***le compte bancaire indiqué par l'ETAT,*** au plus tard, à J+1.

8.2. Rémunération de MTN Mobile Money

Pour l'exécution du présent Contrat, MTN Mobile Money est rémunéré sur la base des paliers mentionnés dans l'article 8.2

8.2. Mode et Modalités de Paiement de la Rémunération de MTN Mobile Money

La rémunération de MTN Mobile Money par l'Etat, se fera sur chaque transaction effectuée par le contribuable sur la base de la grille ci-dessous :

	Paliers en GNF		Commissions MTN MoMo
1er	10 000	100 000	2 000
2e	100 001	200 000	4 000
3e	200 001	400 000	6 000
4e	400 001	600 000	8 000
5e	600 001	800 000	10 000

Page 5 sur 11

6e	800 001	1 000 000	12 000
7e	1 000 001	1 200 000	14 000
8e	1 200 001	1 400 000	16 000
9e	1 400 001	1 500 000	18 000
10e	1 500 001	10 000 000	1%

ARTICLE 9. RESPONSABILITES

La responsabilité de MTN Mobile Money est limitée à l'utilisation du service Mobile Money par le Client final.

L'ETAT est seul responsable des actes qu'il accomplit dans le cadre de sa prestation de service. Par conséquent, il garantit MTN Mobile Money contre toute action qui pourrait être intentée contre elle en cas de violation par l'Accepteur de ses obligations contractuelles vis à vis des Clients.

La responsabilité des deux Parties ne saurait être engagée en cas de force majeure ou de faits indépendants de leur volonté. La Partie victime de la Force Majeure doit informer immédiatement l'autre Partie dès la survenance de l'événement selon les modalités définies à l'article 12 ci-dessous. Dès notification, les Parties conviennent de toutes les mesures appropriées notamment la modification des clauses du Contrat ou la résiliation du Contrat à l'initiative de l'une ou l'autre Partie, si la force majeure dure plus de deux (2) mois.

ARTICLE 10. CONFORMITE

Les Parties s'engagent à agir en accord avec les valeurs et principes de la Charte Déontologique, des Politiques Anticorruption et de Conformité MTN Mobile Money disponibles sur le site www.areeba.com.gn ».

Les Parties s'engagent à respecter l'ensemble des dispositions législatives et règlementaires nationales, européennes et internationales applicables à leurs activités (les « Règles »), notamment la Déclaration Universelle des Droits de l'Homme, les normes de l'Organisation Internationale du Travail (y compris celles qui interdisent le travail des enfants et le travail forcé), les directives de l'OCDE concernant la lutte contre la corruption), l'« US Foreign Corrupt Practices Act », le « UK BriberyAct », le Code pénal guinéen relatif aux crimes et délits financiers et économiques, la loi relative au blanchiment des capitaux et du financement du terrorisme, mais également les règles relatives aux sanctions économiques pouvant être mises en œuvre, en application du chapitre VII de la charte des Nations Unies, par l'Union Européenne, les autorités et lois américaines, les autorités françaises et guinéennes.

Les Parties s'engagent de plus à ne pas être inscrites sur des listes telles que la « ConsolidatedTravel Ban and AssetsFreeze List » publiée par le Comité de sanctions des Nations Unies, la « SpeciallyDesignated Nationals and BlockedPersonslist » conservée par l'OFAC, la « AssetFreeze Target List » conservée par le Ministère des Finances du Royaume-Uni et la liste consolidée des personnes et entités soumises à des sanctions financières européennes.

En cas de modification du cadre législatif et réglementaire ou de prononcé de décisions de justice qui aurait pour conséquence la violation des Règles par l'une des Parties, les Parties effectueront, dans les plus brefs délais, les adaptations nécessaires pour y remédier.

Les Parties s'engagent pour leur compte et à obtenir le cas échéant de leurs actionnaires, dirigeants, mandataires sociaux, employés, fournisseurs, affiliés, sous-traitants et leurs représentants respectifs (ci-après désignés les « Tiers ») qu'ils s'engagent :

- à garantir le respect des Règles par des moyens appropriés à la mise en œuvre effective et au maintien d'un programme de conformité.

- à ce que (i) les Tiers et personnes qui interviendront de quelque façon que ce soit dans l'exécution du Contrat respectent les Règles et que (ii) l'ensemble des moyens nécessaires à l'exécution des prestations qui auront été mis en œuvre par les Parties y soient conformes.

Afin de garantir le respect des Règles pendant toute la durée du Contrat, les Parties s'engagent d'une part à faire droit à tout moment aux demandes de l'une des Parties tendant à obtenir de l'autre Partie l'ensemble des éléments justifiant de sa conformité aux Règles et d'autre part à informer l'autre Partie sans délai de tout manquement aux Règles, commis par elle ou un Tiers, dont elle aurait connaissance, ainsi que des mesures correctives mises en place pour se conformer aux Règles. À tout moment, MTN Mobile Money et l'ETAT sont en droit, chacun en ce qui le concerne, d'auditer, ou de faire auditer par un tiers désigné par la Partie intéressée, l'autre Partie et ses Tiers, aux fins de vérifier le respect de la Charte Déontologique, de la Politique Anticorruption, de Conformité et des Règles.

ARTICLE 11. FORCE MAJEURE

Est considéré comme force majeure tout événement imprévisible, irrésistible et extérieur aux Parties rendant impossible l'exécution de leurs obligations.

De façon expresse, sont considérées par les parties comme cas de force majeure, outre ceux habituellement retenus par la jurisprudence des cours et tribunaux , les incendies, les dégâts des eaux, les catastrophes naturelles, les tempêtes, les inondations, les tremblements de terre, les blocages des moyens de transport ou d'approvisionnement, l'arrêt de fourniture d'énergie, les incidents réseau entraînant des dérangements collectifs, ainsi que tous les autres faits indépendants de la volonté des parties empêchant l'exécution des obligations, objet du présent Contrat.

Le cas de force majeure suspend les obligations de la partie concernée pendant le temps où jouera la force majeure. Néanmoins, les Parties s'efforceront d'en minimiser dans toute la mesure du possible les conséquences. Les obligations contractuelles reprennent dès que la force majeure cesse.

La Partie qui invoque un cas de force majeure doit avertir l'autre partie par tout moyen écrit dans les meilleurs délais. Cette même Partie doit avertir l'autre partie selon la même procédure de la date à laquelle la force majeure a cessé.

Aucune Partie ne sera tenue pour responsable d'un manquement ou d'un retard dans l'exécution de ses obligations si un tel manquement ou retard est dû à un cas de force majeure. Toutefois le cas de force majeure ne saurait dépasser deux (2) mois, la Partie victime pourra demander immédiatement, passé ce délai, la résiliation du contrat sans indemnités.

ARTICLE 12. CONFIDENTIALITE

Sont considérées comme confidentielles au titre du présent Contrat les informations, quel qu'en soit le support, oral ou écrit, et portées ou qui pourraient être portées à la connaissance de l'autre Partie à l'occasion de la négociation ou de l'exécution du présent Contrat.

Chaque Partie qui reçoit une Information Confidentielle s'engage :

- à ne pas l'utiliser à d'autres fins que celles de la mise en œuvre du présent Contrat,
- à prendre toutes les mesures nécessaires pour en protéger la confidentialité, et

- à limiter leur circulation et leur accès à ses dirigeants, employés pour lesquels il est nécessaire de faire connaître cette information dans le cadre de l'exécution du présent contrat et, dans ce cas, à faire connaître à ces personnes, le caractère confidentiel de ces informations.

Tout manquement à la présente obligation de confidentialité autorise la Partie lésée à résilier de plein droit le présent Contrat, après information expresse, sans que la Partie responsable puisse prétendre à une indemnité d'aucune sorte et nonobstant les dommages intérêts auxquels la Partie lésée pourrait prétendre.

La confidentialité des informations s'applique pour la durée du présent contrat et les cinq (5) années qui suivent la cessation des relations contractuelles quelle qu'en soit la cause.

ARTICLE 13. CESSION - MODIFICATION

Le présent Contrat est conclu intuitu personae ne pourra être cédé ou transféré de quelque manière, à quelque titre et à quelque personne que ce soit sans l'accord préalable et écrit des deux Parties.

Toute modification du présent Contrat fera l'objet d'un avenant écrit et dûment signé par les deux Parties à l'exception des changements d'adresses qui feront simplement l'objet de notifications par la Partie concernée à l'autre.MTN Mobile Money se réserve toutefois le droit d'apporter toute modification dans le Service Mobile Money , en particulier par modification des conditions générales de ce service. En cas de modification du service, MTN Mobile Money s'efforcera d'informer, dans un délai de cinq (05) jours, ses partenaires, notamment l'Etat, les distributeurs et facturiers qui utilisent Mobile Money.

ARTICLE 14. SUSPENSION – RESILIATION

Le présent Contrat pourra être suspendu par une Partie en cas de violation par l'autre de ses obligations contractuelles. La suspension prendra effet quinze (15) jours après l'envoi d'une notification faite par lettre recommandée avec accusé de réception ou par lettre portée contre décharge.

Le Contrat pourra dans tous les cas être immédiatement résilié par MTN Mobile Money et sur simple notification dans la forme ci-dessus à l'ETAT, en cas de :

- Arrêt du service Mobile Money ;
- Violation par l'Accepteur d'une ou de plusieurs obligations mises à sa charge dans le cahier des charges ;
- Redressement judiciaire, liquidation des biens, règlement préventif, ou condamnation pénale liée à l'exploitation du fonds de commerce, et/ou du service Mobile Money.

A la fin du Contrat, l'Accepteur restituera à MTN Mobile Money l'ensemble des matériels et documents fournis par MTN Mobile Money , et notamment toute la PLV et/ou l'ILV. A défaut, il laissera le libre accès à MTN Mobile Money ou aux personnes mandatées par cette dernière pour les récupérer et/ou les enlever.

Le présent Contrat pourra être résilié par une des Parties à tout moment après la période initiale, sous réserve d'un préavis de trois (3) mois après notification à l'autre partie par lettre recommandée avec accusé de réception ou par lettre portée contre décharge.

ARTICLE 15. INDEPENDANCE RECIPROQUE

Les Parties déclarent et reconnaissent qu'elles sont et demeurent, pendant toute la durée du présent Contrat, des partenaires commerciaux et professionnels indépendants, assurant chacune les risques de sa propre exploitation et notamment la responsabilité civile.

ARTICLE 16. INDEPENDANCE DES CLAUSES

Si une ou plusieurs clauses du Contrat sont tenues pour non valides ou déclarées comme telles en application d'une loi, d'un règlement ou à la suite d'une décision judiciaire devenue définitive, les autres clauses garderont toute leur force et portée. Le cas échéant, les Parties s'efforceront de modifier le Contrat afin qu'il reflète le plus fidèlement possible leur intention originelle.

ARTICLE 17. RENONCIATION

Le fait que l'une ou l'autre des Parties ne revendique pas l'application d'une clause quelconque du Contrat ou acquiesce à son inexécution, que ce soit de manière permanente ou temporaire, ne pourra être interprété comme une renonciation par cette partie aux droits qui découlent pour elle de ladite clause.

ARTICLE 18. ELECTION DE DOMICILE - NOTIFICATION

Pour l'exécution du Contrat, les Parties déclarent élire domicile à leurs adresses respectives ci-dessus indiquées.

Les Parties conviennent expressément que toutes les notifications au titre du présent contrat seront valablement faites aux adresses ci-dessus mentionnées par courrier simple au porteur avec décharge ou par lettre recommandée avec accusé de réception.

Toute modification d'adresse devra dument être signalée à l'autre Partie par les voies de notification indiquées à l'alinéa précédent.

ARTICLE 19. DROIT APPLICABLE ET REGLEMENT DE LITIGES

Le présent Contrat est soumis au droit guinéen.

Tout différend ou litige relatif à la validité, l'interprétation et/ou à l'exécution du présent Contrat sera réglé à l'amiable entre les Parties dans un délai d'un mois à compter de la notification de griefs par la Partie plaignante.

A défaut de règlement du différend ou litige dans ce délai, la Partie la plus diligente saisira le tribunal territorialement compétent.

ARTICLE 20 : DROIT D'ENREGISTREMENT

Les frais d'enregistrement et de timbres relatifs au présent Contrat sont à la charge de l'ETAT qui s'y oblige.

FAIT EN QUATRE EXEMPLAIRES ORIGINAUX
DONT DEUX ONT ETE REMIS A L'ETAT
UN A ETE REMIS A MTN Mobile Money
ET LE QUATRIEME POUR ENREGISTREMENT AUX IMPOTS

CONAKRY LE 15/01/2019

ONT SIGNE

POUR MTN Mobile Money

Aminata BERETE
Directrice Générale
MTN Mobile Money S.A
Directeur Général

POUR L'ETAT

RÉPUBLIQUE DE GUINÉE
LE MINISTRE
MINISTÈRE DU BUDGET

Ismaël DIOUBATE
Ministre du Budget

01 809
DE/Gratis
16/01/2019

Page 10 sur 11

ANNEXE 1 - PROPOSITION TECHNIQUE ET FINANCIERE DE MTN MOBILE MONEY GUINEE POUR LE PAIEMENT DE LA CFU

orange

OFMG

ORANGE FINANCES MOBILES GUINEE SA

DEPARTEMENT CONFORMITE

CONTRAT N°: 003/DCO-01-19

COCONTRACTANT: L'ETAT GUINEEN

SIGNE-LE : 15-01-2019

NOTIFIE-LE :

OBJET : Le présent contrat a pour objet de déterminer les modalités et conditions dans lesquelles OFM GUINÉE met à la disposition de l'ETAT, le service Orange Money comme instrument de paiement de l'impôt foncier dénommé Contribution Foncière Unique (CFU) par tout client abonné au dit service.

EFFET-DUREE : Le présent Contrat, qui prend effet à compter de sa date de signature, est conclu pour une durée initiale d'un an renouvelable d'accord partie.

MODALITES FINANCIERES : voir article 8 du contrat

Rédaction	Approbation	Validation
DCO/SCR	DCO	DCORP
Oumar FOFANA	Fatoumata BAH	Tidiane GUINDO
Date : 14/01/2019	Date 14/01/2019	Date : 14-1-19
	Chef Département Conformité OFMG SA	

CONTRAT DE PARTENARIAT
ENTRE L'ETAT GUINEEN ET ORANGE FINANCES MOBILES GUINEE SA POUR LA MOBILISATION ET L'ENCAISSEMENT DE LA CONTRIBUTION FONCIERE UNIQUE (CFU)

Entre

L'Etat Guinéen, représenté par **le Ministre du Budget**, sis à Conakry BP 519, agissant au nom et pour le compte de la Direction Nationale des Impôts, représenté par le Ministre du Budget, pris en la personne de **Monsieur Ismaël DIOUBATE**, agissant ès qualité, dûment habilité à l'effet d'engager l'Etat Guinéen par les présentes

Ci-après dénommée « **l'ETAT** » ou l'« **Accepteur** »

Et

La **société Orange Finances Mobiles Guinée S.A**, société anonyme avec Conseil d'Administration au capital de deux milliards de francs guinéens (2.000.000.000 GNF), ayant son siège social à la Corniche Nord, Cité Ministérielle-Donka, Commune de Dixinn, immatriculée au Registre du Commerce et du Crédit Mobilier de Kaloum sous le numéro GC.KAL/061.808 A/2015 du 29 octobre 2015, immatriculé à la Direction Nationale des Impôts sous le numéro 025292Q avec le numéro TVA 2F, et agréée en qualité d'Etablissement de Monnaie Electronique par la décision n°D/018/LIMF/CAM du 25 janvier 2016 par le comité des agréments de la BCRG ;

Représentée par **Monsieur Sékou Amadou BAH**, agissant en qualité de Directeur Général, dûment habilité aux fins des présentes.

Ci-après dénommée «**OFM GUINEE**»

Collectivement désignés les « Parties » et individuellement la « Partie »

PREAMBULE

L'ETAT a développé un système informatisé d'adressage numérique et de géocodage pour l'identification et la localisation du patrimoine immobilier et foncier, ainsi des propriétaires et occupants, applicable sur l'ensemble du territoire national de la République de Guinée, dénommé Plateforme d'Adressage Numérique et de Géocodage en abrégé « PANG ».

Dans le cadre de la mise en œuvre de la PANG dont l'une des finalités est de contribuer à la lutte contre la fraude sur la mobilisation et le recouvrement efficace et efficient des impôts et taxes en matière immobilière ou foncière et la prévention de toute autre forme de criminalité, l'ETAT entend recourir aux fonctionnalités de la PANG pour mobiliser et recouvrer l'impôt foncier et spécifiquement la contribution foncière unique (CFU) en recourant à une solution digitale, sécurisée et accessible partout en Guinée.

Pour ce faire et conformément à la législation en vigueur en Guinée, notamment l'article 9 de l'annexe fiscale de la Loi de Finances Rectificative de septembre 2018 qui stipule que l'encaissement des recettes fiscales et non fiscales peut être effectué par les comptables publics dans des comptes transitoires ouverts en leur nom dans les banques commerciales et autres opérateurs financiers suivant les conditions de sélection prévues par le code des marchés public, l'ETAT a pris l'option de recourir outre les modalités existantes, à l'encaissement des recettes fiscales et non fiscales via le service financier du paiement mobile.

Aussi, l'opérateur ORANGE FINANCES MOBILES GUINEE SA (OFM Guinée) dont le réseau et les services de paiement mobile couvrent l'ensemble du territoire national avec 21 000 points de vente a été approché pour permettre dans le cadre de la solution digitale sécurisée développée par la PANG, l'encaissement de la Contribution foncière unique (CFU).

OFM Guinée a développé une solution de paiement par mobile communément appelée « Orange Money ».

Cette solution permet aux clients d'OFM Guinée, dépourvus d'une solution de paiement à distance agréée par les banques de s'acquitter de divers frais et droits auprès des Administrations publiques et Entreprises privées sans avoir à se déplacer.
Convaincu que la solution de paiement mobile développée OFM Guinée, lui permettra d'atteindre ses objectifs au titre du volet collecte et encaissement de la CFU dans le cadre du déploiement du PANG, l'ETAT s'est rapproché de OFM Guinée pour proposer le mode de paiement Orange Money comme une alternative dans le cadre de sa politique de mobilisation et de recouvrement de la CFU auprès des personnes assujetties en République de Guinée.

Conscients des avantages que procure le système de paiement Orange Money et retombées en termes de plus-value, de célérité et de sécurité dans la mobilisation et l'encaissement de la CFU, les Parties ayant adhéré à la collaboration ainsi envisagée, ont décidé de fixer les termes de cet accord dans le présent contrat.

CELA PREALABLEMENT ETABLI, IL A ETE CONVENU ET ARRETE CE QUI SUIT :

ARTICLE 1. DEFINITIONS

Dans le cadre du présent Contrat les termes ci-après auront le sens qui leur est donné dans les définitions susvisées :

Aménagement : Distribution et décoration de l'espace intérieur et extérieur (Mobilier et PLV) du point de vente des distributeurs.

Assortiment : L'ensemble des produits référencés dans les points de vente des distributeurs.

CFU : Contribution Foncière Unique

Charte graphique : Termes de références qui régissent les codes couleurs, la forme, le logo des marques et enseignes.

Client ou client final : le ou les contribuables assujettis au paiement de la CFU

Contrat : le présent contrat et l'ensemble de ses Annexes.

Facture(s) : les documents de recouvrement de la CFU édités par l'Administration

ILV : Information sur les lieux de vente

Informations commerciales : Toutes informations sur les produits, services et sur la clientèle.

Note de Présentation Technique de la PANG : Document contenant la proposition technique résumée de l'Etat concernant l'exécution du Contrat.

PANG : Plateforme d'Adressage Numérique et de Géocodage

PLV : Publicité sur les lieux de vente

Produits concurrents : produits de même nature que ceux objet du présent Contrat destinés aux mêmes usages qui, par leur prix, s'adressent à une même catégorie de consommateurs quels que soient leur provenance, leur mode de fabrication ou d'emploi.

UV : signifie toute unité de valeur libellée en franc guinéen GNF, représentative d'un titre de créance sur OFM GUINÉE émettrice. **1 UV= 1 GNF**

Orange Money : moyen de paiement par le téléphone mobile développé par OFM GUINÉE.

ARTICLE 2. OBJET

Le présent contrat a pour objet de déterminer les modalités et conditions dans lesquelles OFM GUINÉE met à la disposition de l'ETAT, le service Orange Money comme instrument de paiement de l'impôt foncier dénommé Contribution Foncière Unique (CFU) par tout client abonné au dit service.

Ainsi le présent contrat vient compléter les conditions générales ainsi que les conditions spécifiques du compte Orange Money ouvert par l'ETAT dans les livres d'OFM GUINÉE dans lequel seront logés ses avoirs en UV émis par OFM GUINÉE par suite de l'encaissement de CFU payés par les Contribuables.

ARTICLE 3. VALEUR DU PREAMBULE ET DES ANNEXES

Le préambule ci-avant et les annexes ci-après ont la même valeur juridique que les dispositions du présent Contrat, dont ils font partie intégrante.

ARTICLE 4. PIECES CONTRACTUELLES

Le Contrat comprend les documents contractuels suivants classés par ordre de priorité décroissante :

- Pièce N°1 : les présentes stipulations contractuelles ;
- Pièce N°2 : Annexe 1 - Note de présentation technique de la PANG ;
- Pièce N°3 : Annexe 2- Proposition Technique et Financière de OFM GUINEE pour le paiement de la CFU.

Le Contrat exprime l'intégralité des obligations des parties. Les correspondances, propositions, contrats ou accords antérieurs, écrits ou verbaux, relatifs au même objet, n'ont pas de valeur contractuelle.

OF

Les titres des articles, des clauses et des annexes n'ont aucune valeur interprétative et ne figurent que pour faciliter la lecture du Contrat.

ARTICLE 5. DATE D'EFFET-DUREE

Le présent Contrat, qui prend effet à compter de sa date de signature par les Parties, est conclu pour une durée initiale d'un (1) an, renouvelable d'accord partie après évaluation des activités menées par OFM GUINEE dans le cadre du présent Contrat par le Comité de Pilotage prévu à l'article 9 ci-dessous. La demande de renouvellement devra être introduite par la Partie la plus diligente dans un délai de trois (03) mois avant la date d'expiration du Contrat et l'accord et/ou le refus pour le renouvellement doit être connu, un mois avant la date d'expiration du Contrat.

Le présent Contrat peut être dénoncé à tout moment par l'une quelconque des Parties avec un préavis de deux (02) mois par courrier au porteur contre décharge ou par lettre recommandée avec accusé de réception.

ARTICLE 6. ENGAGEMENTS DES PARTIES

6.1 Engagements d'OFM GUINÉE

OFM GUINÉE s'engage à :

- Donner à l'ETAT, un accès web lui permettant d'éditer les transactions ;
- Accompagner l'ETAT, tout au long du partenariat ;
- Transférer les fonds encaissés dans un délai de vingt-quatre (24) heures, c'est-à-dire J+1 dans le compte bancaire public indiqué à l'article 8 ci-dessous ;
- Former les agents de l'ETAT sur l'utilisation du système d'information et des fonctionnalités du produit ;
- Assurer la traçabilité des opérations de paiements effectuées au titre des encaissements de la CFU et fournir en temps réel les détails des encaissements effectués à l'ETAT ;
- Permettre le suivi en temps réel des versements effectués au titre de la perception de la CFU avec les mises à jours toutes les heures ;
- Traiter les réclamations de l'ETAT dans un délai de cinq (05) jours à compter de la réception de cette réclamation.

6.2 Engagements de l'ETAT

L'ETAT s'engage à :

- Faire en sorte que, dans la mesure du possible que, la Contribution Foncière Unique puisse être réglée au travers du service Orange Money, sous les seules réserves et modalités prévues par le cahier des charges l'Annexe 1 ;
- Accepter le règlement de la CFU par transfert d'UV :
  - Pour autant toutefois que son propre compte Orange Money soit dûment ouvert et fonctionne sans incident ;

- Dans le strict respect du dispositif de conformité d'OFM GUINÉE ;

- Appliquer strictement la politique tarifaire d'OFM GUINÉE convenue d'accord partie, relative à l'acceptation du paiement des services par UV ;
- permettre aux Contribuables d'effectuer leurs règlements au titre du paiement de la CFU via Orange Money sans contrepartie financière.

ARTICLE 7. PUBLICITE

Afin de promouvoir la solution de paiement par, l'ETAT s'engage à rajouter sur ses avis d'imposition au titre du recouvrement de la CFU, la mention suivante : « ***Les Paiements par Orange Money sont acceptés. Pour toute information contacter le 6278 ou*** www.orange-guinee.com».

Par ailleurs, OFM GUINÉE autorise l'ETAT, dans le strict cadre du Contrat et du Cahier des charges figurant en Annexe du présent contrat, à user paisiblement de sa marque, de son enseigne et de ses logos ; l'ETAT pourra ainsi utiliser ces marques et visuels dans ses services administratifs en charge du recouvrement de la CFU, dans le strict respect des chartes graphiques et sans que la qualité fonctionnelle et esthétique ou leur disposition intérieure ne déprécient l'image de marque des produits et services d'Orange.

L'ETAT assure la garde et l'entretien de la PLV et l'ILV relatives au service Orange Money, transmis par OFM GUINÉE (enseignes, totems, décorations de façade) pendant toute la durée du Contrat. L'ETAT prendra en charge les coûts de réfection au cas où la PLV ou l'ILV seraient endommagées par son propre fait. Outre ces cas, OFM GUINÉE s'engage à changer la PLV et l'ILV à ses propres frais.

ARTICLE 8. STIPULATIONS FINANCIERES

8.1. Modalités d'Encaissement de la CFU

OFM GUINÉE procède à l'encaissement de la CFU via le service Orange Money et transfère les fonds encaissés sur ***le compte bancaire indiqué par l'ETAT,*** au plus tard, à J+1.

8.2. Rémunération de OFM GUINEE

Pour l'exécution du présent Contrat, OFM GUINEE est rémunéré sur la base des paliers mentionnés dans l'article 8.2

8.2. Mode et Modalités de Paiement de la Rémunération de OFM GUINEE

La rémunération de OFM GUINEE par l'Etat, se fera sur chaque transaction effectuée par le contribuable sur la base de la grille ci-dessous :

	Paliers en GNF		Commissions OFMG
1er	10 000	100 000	2 000
2e	100 001	200 000	4 000
3e	200 001	400 000	6 000
4e	400 001	600 000	8 000
5e	600 001	800 000	10 000
6e	800 001	1 000 000	12 000
7e	1 000 001	1 200 000	14 000
8e	1 200 001	1 400 000	16 000
9e	1 400 001	1 500 000	18 000
10e	1 500 001	10 000 000	1%

Df

ARTICLE 9. RESPONSABILITES

La responsabilité d'OFM GUINÉE est limitée à l'utilisation du service Orange Money par le Client final.

L'ETAT est seul responsable des actes qu'il accomplit dans le cadre de sa prestation de service. Par conséquent, il garantit OFM GUINÉE contre toute action qui pourrait être intentée contre elle en cas de violation par l'Accepteur de ses obligations contractuelles vis à vis des Clients.

La responsabilité des deux Parties ne saurait être engagée en cas de force majeure ou de faits indépendants de leur volonté. La Partie victime de la Force Majeure doit informer immédiatement l'autre Partie dès la survenance de l'événement selon les modalités définies à l'article 12 ci-dessous. Dès notification, les Parties conviennent de toutes les mesures appropriées notamment la modification des clauses du Contrat ou la résiliation du Contrat à l'initiative de l'une ou l'autre Partie, si la force majeure dure plus de deux (2) mois.

ARTICLE 10. CONFORMITE

Les Parties s'engagent à agir en accord avec les valeurs et principes de la Charte Déontologique, des Politiques Anticorruption et de Conformité d'OFM GUINÉE disponibles sur le site www.orange.com.

Les Parties s'engagent à respecter l'ensemble des dispositions législatives et réglementaires nationales, européennes et internationales applicables à leurs activités (les « Règles »), notamment la Déclaration Universelle des Droits de l'Homme, les normes de l'Organisation Internationale du Travail (y compris celles qui interdisent le travail des enfants et le travail forcé), les directives de l'OCDE concernant la lutte contre la corruption), l'« US ForeignCorrupt Practices Act », le « UK BriberyAct », le Code pénal guinéen relatif aux crimes et délits financiers et économiques, la loi relative au blanchiment des capitaux et du financement du terrorisme, mais également les règles relatives aux sanctions économiques pouvant être mises en œuvre, en application du chapitre VII de la charte des Nations Unies, par l'Union Européenne, les autorités et lois américaines, les autorités françaises et guinéennes.

Les Parties s'engagent de plus à ne pas être inscrites sur des listes telles que la « ConsolidatedTravel Ban and AssetsFreeze List » publiée par le Comité de sanctions des Nations Unies, la « SpeciallyDesignated Nationals and BlockedPersonslist » conservée par l'OFAC, la « AssetFreeze Target List » conservée par le Ministère des Finances du Royaume-Uni et la liste consolidée des personnes et entités soumises à des sanctions financières européennes.

En cas de modification du cadre législatif et réglementaire ou de prononcé de décisions de justice qui aurait pour conséquence la violation des Règles par l'une des Parties, les Parties effectueront, dans les plus brefs délais, les adaptations nécessaires pour y remédier.

Les Parties s'engagent pour leur compte et à obtenir le cas échéant de leurs actionnaires, dirigeants, mandataires sociaux, employés, fournisseurs, affiliés, sous-traitants et leurs représentants respectifs (ci-après désignés les « Tiers ») qu'ils s'engagent :

- à garantir le respect des Règles par des moyens appropriés à la mise en œuvre effective et au maintien d'un programme de conformité.
- à ce que (i) les Tiers et personnes qui interviendront de quelque façon que ce soit dans l'exécution du Contrat respectent les Règles et que (ii) l'ensemble des moyens nécessaires à l'exécution des prestations qui auront été mis en œuvre par les Parties y soient conformes.

Afin de garantir le respect des Règles pendant toute la durée du Contrat, les Parties s'engagent d'une part à faire droit à tout moment aux demandes de l'une des Parties tendant à obtenir de l'autre Partie l'ensemble des éléments justifiant de sa conformité aux Règles et d'autre part à informer l'autre Partie sans délai de tout manquement aux Règles, commis par elle ou un Tiers, dont elle aurait connaissance, ainsi que des mesures correctives mises en place pour se conformer aux Règles. A tout moment, OFM GUINÉE et l'ETAT sont en droit, chacun en ce qui le concerne, d'auditer, ou de faire auditer par un tiers désigné par la Partie intéressée, l'autre Partie et ses Tiers, aux fins de vérifier le respect de la Charte Déontologique, de la Politique Anticorruption, de Conformité et des Règles.

ARTICLE 11. FORCE MAJEURE

Est considéré comme force majeure tout événement imprévisible, irrésistible et extérieur aux Parties rendant impossible l'exécution de leurs obligations.

De façon expresse, sont considérées par les parties comme cas de force majeure, outre ceux habituellement retenus par la jurisprudence des cours et tribunaux , les incendies, les dégâts des eaux, les catastrophes naturelles, les tempêtes, les inondations, les tremblements de terre, les blocages des moyens de transport ou d'approvisionnement, l'arrêt de fourniture d'énergie, les incidents réseau entraînant des dérangements collectifs, ainsi que tous les autres faits indépendants de la volonté des parties empêchant l'exécution des obligations, objet du présent Contrat.

Le cas de force majeure suspend les obligations de la partie concernée pendant le temps où jouera la force majeure. Néanmoins, les Parties s'efforceront d'en minimiser dans toute la mesure du possible les conséquences. Les obligations contractuelles reprennent dès que la force majeure cesse.

La Partie qui invoque un cas de force majeure doit avertir l'autre partie par tout moyen écrit dans les meilleurs délais. Cette même Partie doit avertir l'autre partie selon la même procédure de la date à laquelle la force majeure a cessé.

Aucune Partie ne sera tenue pour responsable d'un manquement ou d'un retard dans l'exécution de ses obligations si un tel manquement ou retard est dû à un cas de force majeure. Toutefois le cas de force majeure ne saurait dépasser deux (2) mois, la Partie victime pourra demander immédiatement, passé ce délai, la résiliation du contrat sans indemnités.

ARTICLE 12. CONFIDENTIALITE

Sont considérées comme confidentielles au titre du présent Contrat les informations, quel qu'en soit le support, oral ou écrit, et portées ou qui pourraient être portées à la connaissance de l'autre Partie à l'occasion de la négociation ou de l'exécution du présent Contrat.

Chaque Partie qui reçoit une Information Confidentielle s'engage :

- à ne pas l'utiliser à d'autres fins que celles de la mise en œuvre du présent Contrat,
- à prendre toutes les mesures nécessaires pour en protéger la confidentialité, et
- à limiter leur circulation et leur accès à ses dirigeants, employés pour lesquels il est nécessaire de faire connaître cette information dans le cadre de l'exécution du présent contrat et, dans ce cas, à faire connaître à ces personnes, le caractère confidentiel de ces informations.

Tout manquement à la présente obligation de confidentialité autorise la Partie lésée à résilier de plein droit le présent Contrat, après information expresse, sans que la Partie responsable puisse prétendre à une indemnité d'aucune sorte et nonobstant les dommages intérêts auxquels la Partie lésée pourrait prétendre.

La confidentialité des informations s'applique pour la durée du présent contrat et les cinq (5) années qui suivent la cessation des relations contractuelles quelle qu'en soit la cause.

ARTICLE 13. CESSION - MODIFICATION

Le présent Contrat est conclu intuitu personae ne pourra être cédé ou transféré de quelque manière, à quelque titre et à quelque personne que ce soit sans l'accord préalable et écrit des deux Parties.

Toute modification du présent Contrat fera l'objet d'un avenant écrit et dûment signé par les deux Parties à l'exception des changements d'adresses qui feront simplement l'objet de notifications par la Partie concernée à l'autre. OFM GUINÉE se réserve toutefois le droit d'apporter toute modification dans le Service Orange Money, en particulier par modification des conditions générales de ce service. En cas de modification du service, OFM GUINÉE s'efforcera d'informer, dans un délai de cinq (05) jours, ses partenaires, notamment l'Etat, les distributeurs et facturiers qui utilisent Orange Money.

ARTICLE 14. SUSPENSION – RESILIATION

Le présent Contrat pourra être suspendu par une Partie en cas de violation par l'autre de ses obligations contractuelles. La suspension prendra effet quinze (15) jours après l'envoi d'une notification faite par lettre recommandée avec accusé de réception ou par lettre portée contre décharge.

Le Contrat pourra dans tous les cas être immédiatement résilié par OFM GUINÉE et sur simple notification dans la forme ci-dessus à l'ETAT, en cas de :

- Arrêt du service ORANGE MONEY ;
- Violation par l'Accepteur d'une ou de plusieurs obligations mises à sa charge dans le cahier des charges ;
- Redressement judiciaire, liquidation des biens, règlement préventif, ou condamnation pénale liée à l'exploitation du fonds de commerce, et/ou du service ORANGE MONEY.

A la fin du Contrat, l'Accepteur restituera à OFM GUINÉE l'ensemble des matériels et documents fournis par Orange, et notamment toute la PLV et/ou l'ILV. A défaut, il laissera le libre accès à OFM GUINÉE ou aux personnes mandatées par cette dernière pour les récupérer et/ou les enlever.

Le présent Contrat pourra être résilié par une des Parties à tout moment après la période initiale, sous réserve d'un préavis de trois (3) mois après notification à l'autre partie par lettre recommandée avec accusé de réception ou par lettre portée contre décharge.

ARTICLE 15. INDEPENDANCE RECIPROQUE

Les Parties déclarent et reconnaissent qu'elles sont et demeurent, pendant toute la durée du présent Contrat, des partenaires commerciaux et professionnels indépendants, assurant chacune les risques de sa propre exploitation et notamment la responsabilité civile.

ARTICLE 16. INDEPENDANCE DES CLAUSES

Si une ou plusieurs clauses du Contrat sont tenues pour non valides ou déclarées comme telles en application d'une loi, d'un règlement ou à la suite d'une décision judiciaire devenue définitive, les autres clauses garderont toute leur force et portée. Le cas échéant, les Parties s'efforceront de modifier le Contrat afin qu'il reflète le plus fidèlement possible leur intention originelle.

ARTICLE 17. RENONCIATION

Le fait que l'une ou l'autre des Parties ne revendique pas l'application d'une clause quelconque du Contrat ou acquiesce à son inexécution, que ce soit de manière permanente ou temporaire, ne pourra être interprété comme une renonciation par cette partie aux droits qui découlent pour elle de ladite clause.

ARTICLE 18. ELECTION DE DOMICILE - NOTIFICATION

Pour l'exécution du Contrat, les Parties déclarent élire domicile à leurs adresses respectives ci-dessus indiquées.

Les Parties conviennent expressément que toutes les notifications au titre du présent contrat seront valablement faites aux adresses ci-dessus mentionnées par courrier simple au porteur avec décharge ou par lettre recommandée avec accusé de réception.

Toute modification d'adresse devra dument être signalée à l'autre Partie par les voies de notification indiquées à l'alinéa précédent.

ARTICLE 19. DROIT APPLICABLE ET REGLEMENT DE LITIGES

Le présent Contrat est soumis au droit guinéen.

Tout différend ou litige relatif à la validité, l'interprétation et/ou à l'exécution du présent Contrat sera réglé à l'amiable entre les Parties dans un délai d'un mois à compter de la notification de griefs par la Partie plaignante.

A défaut de règlement du différend ou litige dans ce délai, la Partie la plus diligente saisira le tribunal territorialement compétent.

ARTICLE 20 : DROIT D'ENREGISTREMENT

Les frais d'enregistrement et de timbres relatifs au présent Contrat sont à la charge de l'ETAT qui s'y oblige.

FAIT EN QUATRE EXEMPLAIRES ORIGINAUX
DONT DEUX ONT ETE REMIS A L'ETAT

UN A ETE REMIS A OFM GUINEE
ET LE QUATRIEME POUR ENREGISTREMENT AUX IMPOTS

CONAKRY LE 15-01-2019

ONT SIGNE

POUR OFM GUINÉE	POUR L'ETAT
Orange Finances Mobiles Guinée SA — Directeur Général — 15 JAN 2019	RÉPUBLIQUE DE GUINÉE — LE MINISTRE — MINISTÈRE DU BUDGET
Sékou Amadou BAH	**Ismaël DIOUBATE**
Directeur Général	**Ministre du Budget**

TABLE DES MATIÈRES

Structures éditoriales du groupe L'Harmattan

L'Harmattan Italie
Via degli Artisti, 15
10124 Torino
harmattan.italia@gmail.com

L'Harmattan Hongrie
Kossuth l. u. 14-16.
1053 Budapest
harmattan@harmattan.hu

L'Harmattan Sénégal
10 VDN en face Mermoz
BP 45034 Dakar-Fann
senharmattan@gmail.com

L'Harmattan Cameroun
TSINGA/FECAFOOT
BP 11486 Yaoundé
inkoukam@gmail.com

L'Harmattan Burkina Faso
Achille Somé – tengnule@hotmail.fr

L'Harmattan Guinée
Almamya, rue KA 028 OKB Agency
BP 3470 Conakry
harmattanguinee@yahoo.fr

L'Harmattan RDC
185, avenue Nyangwe
Commune de Lingwala – Kinshasa
matangilamusadila@yahoo.fr

L'Harmattan Congo
67, boulevard Denis-Sassou-N'Guesso
BP 2874 Brazzaville
harmattan.congo@yahoo.fr

L'Harmattan Mali
Sirakoro-Meguetana V31
Bamako
syllaka@yahoo.fr

L'Harmattan Togo
Djidjole – Lomé
Maison Amela
face EPP BATOME
ddamela@aol.com

L'Harmattan Côte d'Ivoire
Résidence Karl – Cité des Arts
Abidjan-Cocody
03 BP 1588 Abidjan
espace_harmattan.ci@hotmail.fr

L'Harmattan Algérie
22, rue Moulay-Mohamed
31000 Oran
info2@harmattan-algerie.com

L'Harmattan Maroc
5, rue Ferrane-Kouicha, Talaâ-Elkbira
Chrableyine, Fès-Médine
30000 Fès
harmattan.maroc@gmail.com

Nos librairies en France

Librairie internationale
16, rue des Écoles – 75005 Paris
librairie.internationale@harmattan.fr
01 40 46 79 11
www.librairieharmattan.com

Librairie l'Espace Harmattan
21 bis, rue des Écoles – 75005 paris
librairie.espace@harmattan.fr
01 43 29 49 42

Lib. sciences humaines & histoire
21, rue des Écoles – 75005 paris
librairie.sh@harmattan.fr
01 46 34 13 71
www.librairieharmattansh.com

Lib. Méditerranée & Moyen-Orient
7, rue des Carmes – 75005 Paris
librairie.mediterranee@harmattan.fr
01 43 29 71 15

Librairie Le Lucernaire
53, rue Notre-Dame-des-Champs – 75006 Paris
librairie@lucernaire.fr
01 42 22 67 13

www.ingramcontent.com/pod-product-compliance
Lightning Source LLC
LaVergne TN
LVHW011016061026
849535LV00006B/1903